ZHONGGUO DISHENTOU (ZHIMI) YOUQI
KANTAN KAIFA JISHU YANTAOHUI LUNWENJI

胡文瑞 主编

石油工业出版社

内容提要

本书以中国低渗透(致密)油气勘探开发技术研讨会为背景,介绍了目前国内外各大石油公司在低渗透油气田勘探开发领域的技术进展状况,对中国在此领域的发展具有很强的指导作用。

本书可供低渗透油气田勘探开发领域的研究人员、学者阅读,也可供相关专业的师生参考使用。

图书在版编目(CIP)数据

中国低渗透(致密)油气勘探开发技术研讨会论文集/胡文瑞主编. —北京:石油工业出版社,2010.6

ISBN 978-7-5021-7808-6

Ⅰ.中…

Ⅱ.胡…

Ⅲ.①低渗透油层-油气勘探-中国-文集

②低渗透油层-油田开发-中国-文集

Ⅳ.①P618.130.208-53 ②TE348-53

中国版本图书馆CIP数据核字(2010)第089881号

出版发行:石油工业出版社

(北京安定门外安华里2区1号 100011)

网 址:www.petropub.com.cn

编辑部:(010)64523738 发行部:(010)64210392

经 销:全国新华书店

印 刷:石油工业出版社印刷厂

2010年6月第1版 2010年6月第1次印刷

787×1092毫米 开本:1/16 印张:10

字数:117千字 印数:1—2000册

定价:68.00元

(如出现印装质量问题,我社发行部负责调换)

《中国低渗透（致密）油气勘探开发技术研讨会论文集》

编　委　会

代 序

胡文瑞

祝贺中国第一个原点特低渗透安塞油田建成年产300万吨原油生产能力!

2008年11月25日接到长庆油田第一采油厂厂长苏志峰、党委书记许兆超的“喜报”——安塞油田已建成年生产能力300万吨,也就是说日产水平已经上升到了8000吨,非常兴奋。它的战略意义远远大于其经济和技术意义,这无疑是中国石油值得庆幸的一件大事,也是中国能源开采史上的一件大事,真乃是国家幸甚,企业幸甚,百姓幸甚!

安塞油田建成年产300万吨原油生产能力,标志着中国特低渗透油田开发进入了一个新的时期,也标志着中国在全球特低渗透油田开发领域有了更大的话语权。说明长庆油田继续巩固了特低渗透油田开发的领袖地位,也说明中国第一个安塞特低渗透油田继续保持了原点的光辉。

安塞油田建成年产300万吨原油生产能力,肯定是长庆油田第一个整装的300万吨级的特低渗透大油田,其意义是不言而喻的。这对于长庆油田2009年实现3000万吨油气当量目标,而后奋斗5000万吨目标,奠定了坚实的基础,起到了成功的示范作用。

如果说我国注水开发的原点油田是松辽盆地的大庆油田,那么特低渗透油田开发的原点就是鄂尔多斯盆地的安塞油田。原点代表着历史，原点代表着立场，原点代表着新生，原点也预示着未来。安塞油田作为中国特低渗透开发的原点油田，是长庆油田近40年来特低渗透油田开发最有价值的回报。这一殊荣，安塞油田是当之无愧的。

安塞油田开发初期，持续了8年攻关，先后经历了井组、先导性、工业化三大矿场开发试验，形成了油藏研究、整体压裂改造和温和注水开发、地面工艺流程革新三大技术系列，配套创新了8项技术，实践了“从简、从省、从快、适用新技术”的开发路线，最终创造了中国石油著名的“安塞开发模式”。1997年建成了中国第一个百万吨级的特低渗透油田，开创了中国特低渗透油田开发的历史性先河。

进入新世纪，安塞油田开发又有了全新的发展，继续创新发展了“安塞开发模式”，提升了安塞特低渗透油田开发的技术和管理水平，2004年跨越200万吨，今年又建成了300万吨，特别是对新储层的认识和开发，在鄂尔多斯盆地具有重大的实践意义。

中国石油目前石油探明储量近70%属于低渗透，天然气探明储量90%以上属于低渗透，其开发必然是“多井低产”，如何有效开发？安塞特低渗透油田开发的实践，提供了示范，做出了表率，值得人们认真地学习。

开发特低渗透油田并不是一件轻松的事，其中的辉煌和悲壮及酸甜苦辣，只有亲身参与了开发建设和热爱特低渗透事业的人，才有深切的体会。安塞油田开发这一无与伦比的丰碑，凝聚着采油一厂几代人的心血和辛勤汗水，镌刻着采油一厂全体员工的历史贡献，承载着安塞石油人许许多多的动人故事。

前 言

2009年4月，在北京召开了首届“中国低渗透（致密）油气勘探开发技术研讨会”。

低渗透油气勘探开发正在成为当今全球油气勘探开发的主流之一。近年来，我国新增探明储量中低渗透比例越来越大，已达70%以上，是个不争的事实。低渗透开发已是中国油气开发建设的主战场，这意味着低渗透将成为未来中国油气的主要开采对象。

历经几代人的艰辛，中国低渗透勘探取得了重大发现，并实现了规模有效开发，相关技术取得了阶跃式进步，并不断配套成熟。尤其是长庆安塞油田、苏里格万亿方级低渗低压低丰度气田、松辽盆地大庆外围低渗低流度油田、吉林低渗裂缝发育油田的有效开发和规模上产，已经形成了各具特色的配套技术和管理模式，我们需要加强交流和相互学习。冷静地审视现状并放眼未来，面对大量的已投入开发的低渗透油气田如何不断获得稳定的效益产量并改善开发效果，以及如何使已探明但未动用的大量低渗透储量得到动用，我们需要研讨，明确下一步方向。首届低渗透勘探开发技术研讨会就是在这样的背景下及时召开的。

这是一次前所未有的高层次专家研讨低渗透勘探开发技术的盛会。会议引起了政府有关部门和学术权威机构的关注。受会议邀请，全国政协副主席白立忱先生、资深三院院士师昌绪老先生到会讲话并予以指导。会议得到了“中华国际科学交流基金会”的鼎力协助。中国石油、中国石化及各油气田公司对此次会议十分重视，中国石油勘探生产公司副总经理、中国石化开发部副总经理、各油气田公司总经理或副总经理级领导到会宣讲了高水平的论文。中国石油学会主办了这次会议，成功搭建了一个很好的交流平台。

这次会议论文集值得读者品味的是，胡文瑞教授的主题报告，回顾了低渗透油气田勘探开发的历程，分析了现状，展望了未来，诠释了低渗透工作者的心系与期望，展示了近年来低渗透勘探开发的成果亮点，指出了把低渗透事业不断推向成功的关键，泼墨挥洒了一幅宏大的画卷。其他的报告，则站在不同的角度，总结了中国各主要低渗透含油气盆地勘探开发的主体技术、特色技术和配套技术，以及管理创新的做法和经验。白立忱主席的讲话、师昌绪老院士的发言、中国石油学会理事长贾承造院士的开幕词，则告知了有关部门对低渗透勘探开发事业的态度，及学者对这一工作领域的战略判断。文章视角之宽泛，内容之全面，是读者了解低渗透勘探开发的难得一书。

目录

contents

contents

中国石油学会理事长
贾承造致开幕词

各位领导、各位院士、女士们、先生们：

大家早上好！

今天恰逢北京春暖花开的季节，我们在这里召开“中国低渗透（致密）油气勘探开发技术研讨会”，目的就是总结交流我国低渗透油气勘探开发成就和技术、经验，推动我国低渗透油气生产取得更快的发展。这次会议受到政府领导及有关部门的高度重视。我们很荣幸地请来了全国政协副主席白立忱先生，两院院士师昌绪先生，以及多位院士，让我们大家以热烈的掌声欢迎他们的到来！

随着全球经济快速发展，能源需求快速增长，如何保证油气安全供应，成为各国政府和石油工业界的重大挑战。当前，全球经济面临严重金融危机，各国政府正在积极努力共渡难关。我国政府已经开始采取强有力的措施，相信我国经济必将很快走出阴影，进入新的科学发展阶段。我们预测，对油气的需求将在2009年底得到恢复，国际油价可能在2010年下半年恢复至合理水平，因此，我们在新形势下要继续大力推动石油工业上游科技发展。

全球石油工业上游发展有五个投资重点，即低渗透（致密）油气、老油田提高采收率、天然气业务、深水油气勘探开发、非常规油气资源。其中，低渗透（致密）油气业务的发展对确保油

气安全供应具有重要意义。近几年，低渗透（致密）油气勘探生产与理论技术取得快速发展，各国各公司投入巨大人力、财力，新技术不断涌现，呈现良好发展势头。

低渗透油气资源在我国占有重要战略地位，据我国2004年第三次油气资源评价结果，低渗透油气远景资源量分别为537×10^{8}t和$24\times10^{12}m^{3}$，分别占全国49%和42.8%。截至2008年底，全国累计探明低渗透石油地质储量141×10^{8}t，低渗透天然气储量$4.1\times10^{12}m^{3}$，可采储量$2.37\times10^{12}m^{3}$，分别占全国油气储量的49.2%和63.6%。在近几年新增探明油气储量中低渗透达到70%，因此，我们预计我国油气产量中低渗透所占比例将持续增大，而我国未来油气产量稳产、增产将更多地依靠低渗透油气资源。

低渗透油气勘探开发面临一系列特殊的技术困难和挑战。如何实现经济高效开发，是世界级难题。近20年，中国石油地质学家和油藏工程师进行了艰苦的探索和努力，取得了举世瞩目的成绩，形成了以长庆油田为代表的先进的、具有中国特色和自主知识产权的低渗透油气田勘探开发技术系列，成功地开发了安塞油田和苏里格气田，低渗透油气资源开发的下限从50mD发展到0.5mD，达到国际石油界先进水平，为我国原油产量稳定增长和天然气产量快速发展作出了重大贡献，也为我国低渗透（致密）油气开发创造了技术、积累了经验，值得认真总结、学习、推广。

先生们，女士们，身处技术和信息迅猛发展的时代，我们更需要交流与合作。中国海油和中国石化拥有低渗透勘探开发的丰富经验。近年来，中国石油与斯伦贝谢（Schlumberger）、壳牌（Shell）、雪佛龙（Chevron）等国际石油公司也进行了卓有成效的实质性合作。合作使中外双方实现了双赢。今天，面对低渗透，特别是特低渗透油气勘探开发这样一个世界性难题，更加需要我们加强国内各大油公司之间的交流与合作，需要我们加强国际同行之间的交流与合作。

作为一个全国性的学术组织，石油学会有责任、义务和能力为大家提供这样一个学术交流平台，为低渗透油气勘探开发技术交流和低渗透油气生产取得更快发展贡献自己的力量。我作为中国石油学会的理事长，愿意为大家服务好。

这次会议得到了中华国际科学交流基金会、中国石油企业协会和中国石油长庆油田分公司的大力支持，在此表示衷心地感谢！

预祝大会取得圆满成功！

谢谢大家！

全国政协副主席白立忱讲话

各位代表、专家，女士们、先生们：

早上好！

石油是国家的战略性资源，关系到国民经济的可持续发展，特别对我们这样一个发展中国家显得尤为重要。石油公司肩负着保障国家能源安全的重要使命。长期以来，国内各大石油公司很好地承担了经济、政治和社会三大责任。能源行业一直备受国家重视，在目前金融危机的形势下，更是如此。

近年来，我国原油产量实现了稳定增长，天然气产量实现了快速增长，煤层气等新能源业务正在悄然兴起，前景广阔。尽管存在着老油田稳产难度大等问题，但是低渗透、天然气、新能源等可持续性发展业务，让我们充满希望。

去年国务院审定了大庆、长庆等油气田发展规划，低渗透是重要组成部分。国家和政府已经注意到，低渗透将成为未来油气勘探开发的主战场，在近20年的勘探发现、产量增长中，低渗透所占比例已经清楚地证明了这一点。

今天，工作在低渗透勘探开发战线的领导、院士、专家济济一堂，研讨低渗透勘探开发问题与未来发展方向，恰值良机。因为，低渗透勘探开发积累了大量宝贵的经验，值得回顾和总结；低渗透勘探开发发展到了一个重要阶段，需要进行交流、研讨和展望。

石油学会搭建了一个很好的平台，得到了中华国际科学交流基金会的大力支持，国内三大石油公司及相关国际公司参会，相信这次会议必将产生深远影响。希望大家充分利用今天的好机会，本着求真务实的精神，博采众长，广开思路，结合实际，解放思想，描绘一张低渗透勘探开发最美的蓝图，为国家的油气事业、经济的发展再作贡献，为人民、为子孙后代造福。

预祝会议取得圆满成功！

谢谢大家！

资深院士代表师昌绪讲话

尊敬的白主席、各位代表、各位专家：

早上好！

作为会议支持单位，我代表中华国际科学交流基金会对此次会议的召开表示祝贺。现谨做一简短的发言。

科学技术是第一生产力，实现资源的有效利用和社会的可持续发展，必须依靠科学技术。

能源是社会发展的命脉，是我国可持续发展瓶颈之一，因此，能源的开发、能源技术及清洁能源技术成为国家中长期科技发展规划纲要最重要内容之一。当前新能源的呼声甚高，但化石能源在今后几十年内在我国仍占主导地位，因此，本次会议的召开意义深远。

20 世纪 60 年代大庆油田的开发，20 世纪 70 年代胜利油田的提升与 21 世纪长庆油气田的迅速崛起，代表我国油气工业的发展历程。目前，在油气工业勘探新发现中，低渗透油气田已占到了 80%，因而低渗透技术将是我国未来油气工业发展的主流。

理论与技术的不断创新及技术的产业化推动了各领域的跨越式发展，低渗透油气田的勘探开发堪称典范。据悉，近 20 年来，我国发现了一大批地质储量超过亿吨的油田和千亿立方米的气田。到 2008 年底，累计探明储量低渗透石油地质储量 140×10^{8}t，天然

气地质储量 $4.1\times10^{12}m^3$，其中苏里格气田为 $2.2\times10^{12}m^3$，超过了全部一半以上，可谓我国第一个超万亿立方的大气田，因此，低渗透油气田也成为勘探开发的主战场。

据了解，本次会议是我国石油界以低渗透勘探开发为主体的第一次会议。我相信，今后还会有更多的会议深入地研讨这一与我国能源密切相关的重大课题，使我国在这一领域有更大的发展，为解决我国能源问题作出更大的贡献。

预祝大会圆满成功！

中国低渗透油气的现状与未来

胡文瑞[1]

中国的地质演化，决定了中国陆上发育着古生代海相和中生代、新生代陆相含油气盆地系统。中国低渗透油气资源的主要聚集盆地为鄂尔多斯、塔里木、四川这三大海相、陆相叠合的沉积盆地，松辽陆相沉积盆地，以及其他中、小湖相沉积盆地。中国特有的以陆相沉积为主的含油气盆地中，普遍具有储层物性较差的特点，相应发育了大量的丰富的低渗透油气资源。

经过长期不懈的探索，中国低渗透资源的勘探取得了重大的发现，特别是近二十年来在低渗透砂岩、海相碳酸盐岩、火山岩等勘探中发现了大规模低渗透油气储量，低渗透目前已经成为油气

[1]作者简介：胡文瑞，男，1950 年生，甘肃平凉人。国内油气田勘探开发专家，从事低渗透油气田勘探开发和工程管理 40 年，国务院特殊津贴专家，博士生导师，教授级高级工程师，在长庆油田工作 34 年，曾任中国石油天然气股份有限公司副总裁，现为中国石油企业协会会长。

储量增长的主体。

通过持续不断的开发技术攻关和创新，中国的低渗透资源实现了规模有效开发，形成了国际一流的低渗透开发配套技术系列，在中国油气产量构成中低渗透产量的比例逐年上升，地位越来越重要。随着勘探程度的提高和对油气资源需求的不断增长，无论从剩余油气资源，还是开发趋势分析，低渗透将是中国未来油气勘探开发的主要对象。

一、中国低渗透油气的基本状况

（一）低渗透的标准和定义

1. 什么是低渗透?

低渗透严格来讲，是针对储层物性特征的概念，一般是指渗透性能较低的储层，国外一般将特低渗透储层称之为致密储层。进一步延伸和拓展概念，低渗透一词又包含了低渗透油气藏和低渗透油气资源，而现在讲的低渗透一词，其一般的含义是指低渗透油气藏。

2. 国内外低渗透分类标准的演变

（1）100mD（中国，20 世纪 50 年代）；
（2）50mD（俄罗斯，20 世纪 60 年代）；
（3）20mD（中国，20 世纪 70 年代）；
（4）10mD（美国、中国，20 世纪 80 年代）；
（5）5mD（中国，20 世纪 80 年代末）；
（6）1mD（中国，20 世纪 90 年代中）；

（7）0.5mD（中国安塞油田、靖边气田，1995年左右）；

（8）0.3mD（0.1mD，气）（中国鄂尔多斯，21世纪初）；

（9）0.01～50μD（美国，目前致密气田开发）。

从低渗透标准的演变可以看出，人们认识世界和改造世界的发展过程也就是技术进步的发展过程，也可以说是一次次技术革命的过程。

3. 目前中国国内低渗透分类标准

目前，低渗透的国家分类标准：

（1）石油：不大于50mD，可进一步分为一般低渗透、低渗透、特低渗透和超低渗透。

（2）天然气：不大于10mD，可进一步分为一般低渗透、低渗透和特低渗透。

4. 新版低渗透标准

随着开发技术的进步，出现了“新版”低渗透标准，其主要特点是低渗透的下限继续下移，具体如表1所示。

表1　新版低渗透分类标准

石油		天然气	
渗透率（mD）	类别	渗透率（mD）	类别
1～10	一般低渗透	1～5	一般低渗透
1～0.5	特低渗透	0.1～1	特低渗透
<0.5	超低渗透	<0.1	超低渗透

（二）中国低渗透的特点和资源分布

1. 我国低渗透油气资源分布特点

（1）含油气层系多：古生界、中生界和新生界都有分布。

（2）油气藏类型多：砂岩、碳酸盐岩、火山岩等。

（3）分布区域广：东部、中部和西部都有分布。东部分布有松辽、渤海湾、二连、海拉尔、苏北、江汉盆地等砂岩油藏和松辽、渤海湾盆地火山岩油气藏；中部分布有鄂尔多斯、四川盆地砂岩油气藏和海相碳酸盐岩气藏；西部分布有准噶尔、柴达木、塔里木、三塘湖盆地砂砾岩油气藏、火山岩油气藏和海相碳酸盐岩油气藏。

（4）具有“上油下气、海相含气为主、陆相油气兼有”的特点。

2. 不同岩性的低渗透油气藏特点

（1）海相碳酸盐岩储层。华北、西北东部、新疆、西藏、南方等地区大面积分布。海相碳酸盐岩储层时代老、多进入成岩作用的晚期阶段，储层基质孔隙度一般小于9%，渗透率一般小于10mD。以裂缝和溶蚀孔为主，虽对物性有所改善，但未能从根本上改变低孔、低渗的特征。

（2）陆相碎屑岩储层。松辽盆地，以三角洲前缘沉积为主的碎屑岩储层，沉积相带变化快，储层物性普遍较差，其地质特征是：相带窄（3～10km），储层薄（1～3m），孔隙度小于15%、渗透率小于10mD。

（3）火山岩储层。火山岩储层在松辽、准噶尔、渤海湾等盆地均有分布，沉积时代从古生代到第三系。火山岩储层总体上表现为低孔、低渗和非均质的特点，孔隙度一般小于10%，渗透率一般小于1mD。

国土资源部与国家发改委新一轮油气资源评价结果表明：全国石油资源量为1086 $\times 10^8$t（不含台湾和南海），其中低渗透资源为537 $\times 10^8$t，占总资源量的49%；全国天然气资源量56 $\times 10^{12}m^3$，其中低渗透24 $\times 10^{12}m^3$，占总资源量的42.8%；全国低渗透石油资源大约80%以上，分布在中生代、新生代陆相沉积中；天然气资源的60%以上，分布在古生界及三叠系的海相地层中。

中国石油天然气集团公司（以下简称中石油）资源量为569 $\times 10^8$t，其中低渗透资源为370 $\times 10^8$t，占总资源量的65%。具体分布情况见表2。从表2可以看出，松辽、渤海湾、鄂尔多斯、柴达木、准噶尔、塔里木等盆地低渗透石油资源量都占到了50%以上，其中鄂尔多斯盆地低渗透占到了92%。

表2　中石油低渗透石油资源分布状况

盆地	低渗透资源		常规资源		总资源量	
	资源量（10^8t）	比例（%）	资源量（10^8t）	比例（%）	资源量（10^8t）	比例（%）
松辽	77	54	65	46	142	100
渤海湾	56	54	47	46	103	100
鄂尔多斯	68	92	6	8	74	100
柴达木	13	52	12	48	25	100
准噶尔	41	69	18	31	59	100
塔里木	37	51	36	49	73	100
其他	78	84	15	16	93	100
合计	370	65	199	35	569	100

中石油剩余石油资源 413×10^{8}t，其中低渗透石油资源 316×10^{8}t，占 76.5%。松辽、鄂尔多斯、柴达木、准噶尔四大盆地低渗储量比例均在 85% 以上，如表 3 所示。

表 3　中石油剩余石油资源分布状况

	剩余资源量（10^{8}t）	剩余低渗透资源量（10^{8}t）	占剩余资源量比例（%）
松辽	75	69	92
渤海湾	62	36	58.1
鄂尔多斯	59	55	93.2
柴达木	22	19	86.4
准噶尔	42	37	88.1
塔里木	70	28	40
其他	83	72	86.7
合计	413	316	76.5

（三）低渗透的勘探开发历程

1. 低渗透资源勘探的基本情况

中国的低渗透勘探经历了较长的历史，大致可以分为 3 个阶段：第一个阶段是 1907—1949 年，1907 年中国第一口油井延长 1 号井在鄂尔多斯盆地的陕北地区钻探成功，发现了延长油矿，开始了低渗透勘探开发的探索。第二个阶段是 1950—1980 年，以鄂尔多斯、松辽盆地为代表，仅发现了中小规模的油气藏，“磨刀石”、“井井有油、井井不流”是该阶段人们对已发现低渗透油气田的基本认识。第三个阶段是 1980 年至今，陆续在鄂尔多斯、松辽盆地发现了一大批地质储量超过亿吨、千亿立方米和万亿立方米以上的低渗透油气田，为油气探明储量的快速增长发挥了重要作用。

全国累积探明石油地质储量 287 $\times 10^8$t，其中低渗透141 $\times 10^8$t，占 49.2%。中石油近几年探明储量中低渗透所占比例平均达到 70%左右，其中，2008 年达到了 87%，如表 4 所示。

表 4　中石油 2003—2008 年新增石油探明储量统计表

年份	原油	高—中渗透		低—特低渗透	
	地质储量 (10^8t)	地质储量 (10^8t)	比例 (%)	地质储量 (10^8t)	比例 (%)
2003	43903	13582	30.9	30321	69.1
2004	52107	10807	20.7	41300	79.3
2005	56152	16590	29.5	39562	70.5
2006	61511	22090	35.9	39421	64.1
2007	38440	11028	28.7	27413	71.3
2008	73710	9689	13	64021	87

全国累积探明天然气 6.42 $\times 10^{12}$ m^3，其中低渗透 4.1 $\times 10^{12}$ m^3，占 63.6%。中石油近几年探明储量中低渗透所占比例平均达到 90%以上，如表 5 所示。

表 5　中石油 2003—2008 年新增天然气探明储量统计表

年份	天然气	特高—高—中渗透		低—特低渗透	
	地质储量 (10^8 m^3)	地质储量 (10^8 m^3)	比例 (%)	地质储量 (10^8 m^3)	比例 (%)
2003	3838.9	5	0.14	3834	99.86
2004	2008.77	626	31.18	1382	68.82
2005	3583.33	45	1.25	3539	98.75
2006	3653.99	38	1.05	3616	98.95
2007	4346.69	54	1.25	4293	98.75
2008	4120	688	17	3432	83

2. 低渗透开发经历了四个阶段

20世纪80年代以前，采用“常规压裂”等技术，使10～50mD的一般低渗透油藏得到有效动用；20世纪80年代初，采用“大规模压裂、井网优化、注水”等技术，使1.0～10mD的特低渗透油藏基本可以有效动用；20世纪90年代，安塞特低渗透油田开发采用“丛式钻井、中等规模压裂、温和注水”等技术，使0.5mD的特低渗透油田实现了规模有效开发；2000年以来，鄂尔多斯盆地其他油田，采用“整体压裂、超前注水”等技术，使得低于0.5mD以下的数十亿吨特低渗透储量得到了有效动用。

近几年，中国低渗透油气产能建设规模占总量的70%以上，已成为油气田开发建设的主战场。低渗透产量比例逐年上升，2006—2008年，低渗透原油产量分别占全国总产量的34.8%、36%、37.6%。低渗透天然气产量分别占全国总产量的39.4%、40.9%、42.1%。

二、中国低渗透资源勘探取得了重大发现

中国低渗透油气勘探，在近二十年取得了重大发现，特别在大面积低渗透砂岩油气藏、碳酸盐岩油气藏、火山岩油气藏勘探取得了一系列重大突破，发现了一大批地质储量超亿吨、千亿立方米以上的大油气田，出现了多个地质储量（5～10）$\times 10^8$t规模的油田，形成了油气储量新的增长高峰期。

在大面积低渗透砂岩、低渗透碳酸盐岩和火山岩油气藏勘探领域取得一系列重大发现和突破，发现了184个低渗透油田，主

要分布在松辽、鄂尔多斯、准噶尔、塔里木等盆地；发现了 192 个低渗透气田，主要分布在四川、鄂尔多斯、塔里木、松辽、准噶尔等盆地。特别是发现了苏里格超万亿立方米的特大型气田，探明储量 $1.67\times10^{12}m^{3}$，成为我国储量规模最大的气田，如图 1 所示。目前，我国共有油气田 700 多个，其中低渗透油气田占到总数的一半以上。

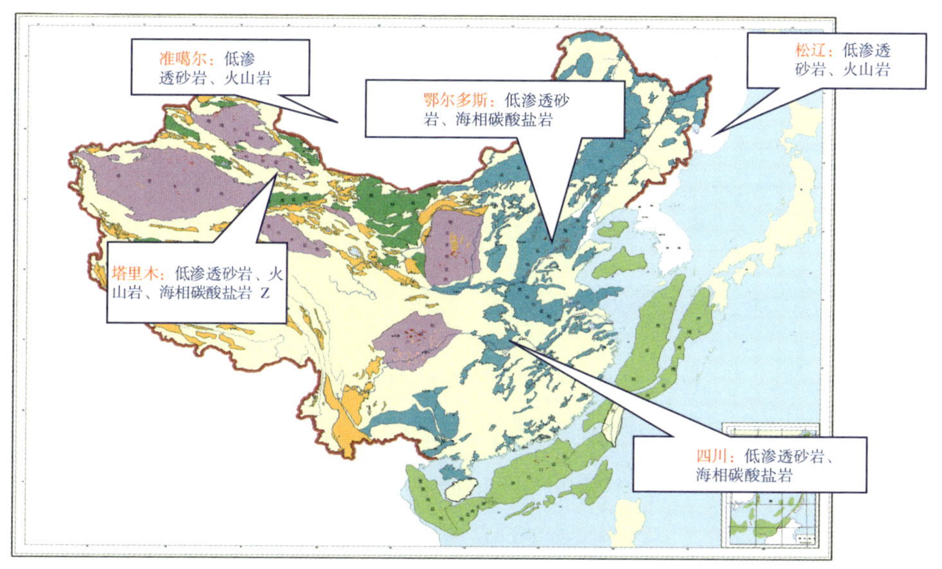

图 1　我国主要盆地低渗透油气藏类型分布

（一）大面积低渗透砂岩油气藏勘探取得了重大发现

鄂尔多斯、松辽、准噶尔、四川盆地累计探明低渗透石油储量 $76\times10^{8}t$、天然气 $2.5\times10^{12}m^{3}$。2000 年以来，全国探明石油 $38.5\times10^{8}t$、天然气 $3.08\times10^{12}m^{3}$，低渗透砂岩油气田分布情况如图 2 所示。其中鄂尔多斯盆地的西峰、姬塬、安塞、靖安、华庆五大油田探明石油储量 $22.5\times10^{8}t$；苏里格气田地质储量规模 $2.2\times10^{12}m^{3}$；松辽盆地探明石油储量 $38.37\times10^{8}t$；准噶尔盆地西北缘探明石油储量 $15.2\times10^{8}t$；四川须家河探明天然气储量 $2855\times10^{8}m^{3}$。

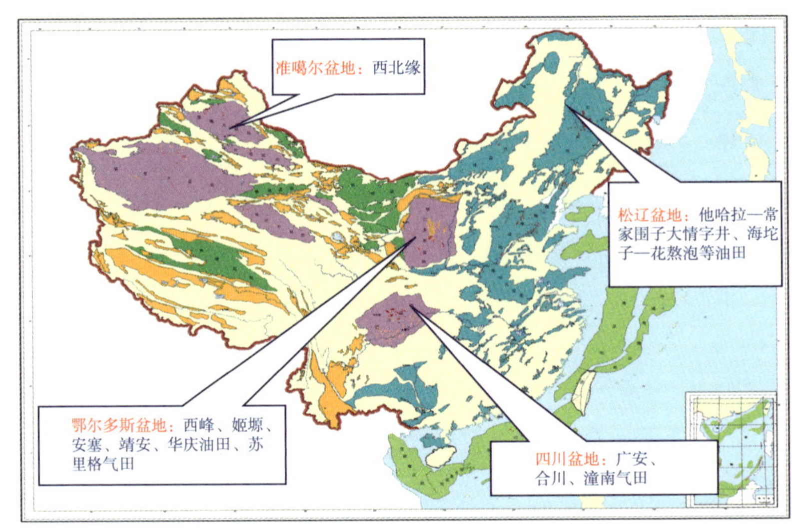

图2 我国主要低渗透砂岩油气藏分布

（二）海相低渗透碳酸盐岩油气勘探取得了重大发现

近几年，全国累计探明低渗透石油地质储量 10.1×10^{8}t，天然气地质储量 $1.8\times10^{12}m^{3}$。海相低渗透碳酸盐岩分布情况如图 3 所示。轮南—塔河油田探明石油地质储量 8.12×10^{8}t、天然气地质储量 $397\times10^{8}m^{3}$，当量规模超 20×10^{8}t；塔中礁滩油田探明石油地质储量 1856×10^{4}t，天然气地质储量 $1010\times10^{8}m^{3}$，当量规模超 3.0×10^{8}t；靖边气田探明天然气地质储量 $4700\times10^{8}m^{3}$；开江—梁平海槽探明地质储量 $5938\times10^{8}m^{3}$，规模近万亿方。

（三）深层低渗透火山岩油气藏勘探取得了重大发现

2002 年以来，低渗透火山岩油气藏勘探取得重大突破，探明低渗透天然气地质储量规模近 $5000\times10^{8}m^{3}$，石油近 5000×10^{4}t。我国主要低渗透火山岩分布如图 4 所示。徐深气田探明 $2457\times10^{8}m^{3}$；长深气田探明 $730\times10^{8}m^{3}$；陆东—五彩湾气田探明天然气 $1058\times10^{8}m^{3}$；三塘湖牛东油田探明石油 4315×10^{4}t。

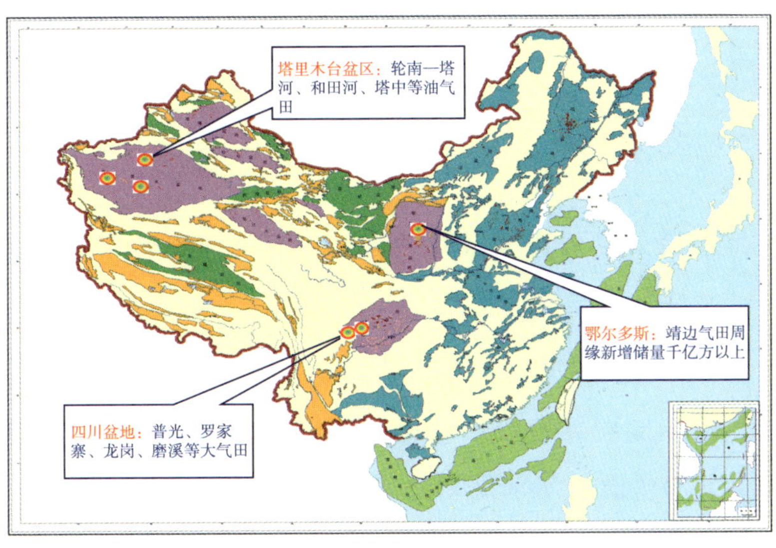

图 3　我国主要低渗透碳酸盐岩油气藏分布

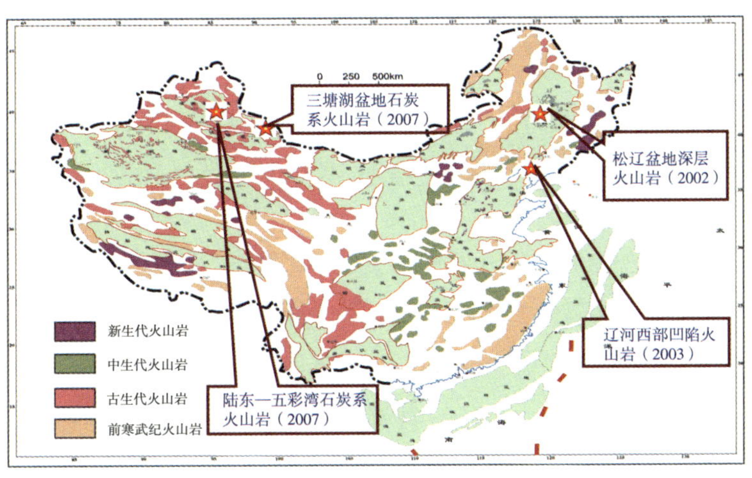

图 4　我国主要低渗透火山岩油气藏分布

三、中国低渗透资源实现了规模有效开发

（一）怎样开发低渗透？

1. 低渗透开发的四大难题，均为世界级的难题

（1）渗流力学上表现为“非达西流”，从本质上影响采收率的提高；

（2）低压储层导致投产初期过后，采液、采油指数下降，一般常规注水很难恢复采油能力；

（3）“低渗、低压、低丰度”造就了“多井低产”，给建设投资和运行成本造成了巨大的压力；

（4）水平井是遏制“多井低产”的有力措施，但低渗透水平井水平段压裂改造提产始终是一大难题，现在仍在探索规模化实施。

2. 低渗透油气田开发的基本理念

开发低渗透是一篇大文章，从事此项工作没有捷径可走，必须是知难而进。要有“如痴、如醉、如迷、如狂”的精神，更要有“求真、求实、求知、求证”的态度。开发低渗透，必须遵循“从简、从省、从快、适用新技术”的开发路线；必须执行“管理创新、低成本”的开发战略；必须坚持“一切注重实际效果”、“斤两不拒”的基本理念。

3. 低渗透油气田开发的三大基本条件

低渗透油气田开发的三大基本条件：即体制（机制）、成本

（投资）、采收率（产量），其关系如图 5 所示。

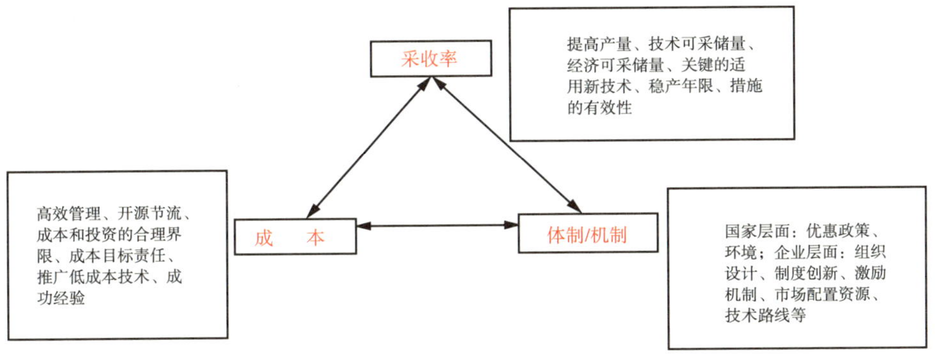

图 5　低渗透油气田开发的三大基本条件

4. 低渗透油气田开发的典型实例

中国第一个规模开发的低渗透原点油田——长庆安塞特低渗透油田，1997 年建成 100×10^4t，2008 年实现了 300×10^4t。中国最大的天然气田——苏里格低渗透砂岩气藏，实现了规模有效开发，2008 年建成 $80 \times 10^8 m^3$，总体规划 $249 \times 10^8 m^3$。

（二）我国主要低渗透油气藏类型实现了规模有效开发

最近二十年，中国实现了低渗透砂岩、碳酸盐岩、火山岩油气藏的规模有效开发，如鄂尔多斯、松辽、塔里木、准噶尔盆地等。长期持续不断的低渗透开发技术探索和攻关，形成了一系列世界水平的原创性和集成性开发技术。2008 年全国低渗透原油产量 0.71×10^8t，占总产量的 37.6%；低渗透天然气产量 $320 \times 10^8 m^3$，占总产量的 42.1%。

1. 低渗透砂岩油藏实现了规模有效开发

低渗透砂岩，号称“磨刀石”。百年来，人们不屈不饶地开展

了“磨刀石”革命，如同史诗般进行了低渗透“长征”。前80年，人们在不断地认识它、攻克它，但“几经辄试，如云若雾；迷茫漫长，未成大势”。后20年，终于有了攻克和破解低渗透的办法，堪称“磨刀石”革命。1995年中国第一个特低渗透安塞油田的成功开发，“有拨云见日之功，指点山河之力，开低渗油田之先河”，积累了中国低渗透油田开发的宝贵经验。百年来的实践，人们积累了开发低渗透油田的经验、技术、管理、思想认识和基本理念，大大丰富了规模有效开发低渗透的实践。

低渗透砂岩油田开发的最典型例子是鄂尔多斯盆地的长庆油田在30多年的低渗透勘探开发实践中，形成了一整套低渗透油气田勘探和规模有效开发的理论。主要有：（1）三个重新认识；（2）宏观找油理论；（3）原点找油理论；（4）创新发展的双重介质渗流理论；（5）相对均质理论；（6）攻关二元理论；（7）区别对待理论；（8）意外收获理论；（9）经济界限理论。

所谓“二元”，技术是一元，管理或机制创新是另一元。对于低渗透储层，单纯依靠技术把产量提高到一个较高的水平或把投资降到一个较低的水平，难度很大。必须采用二元攻关，苏里格气田的开发是攻关二元理论的典型例子。

低渗透砂岩油田开发形成了一整套特低渗油田有效开发的主体技术、特色技术和适用的配套技术体系。主要有：（1）特殊地貌地震技术；（2）岩性油藏综合评价技术；（3）菱形反九点和矩形开发井网部署技术；（4）规模丛式钻井技术；（5）适度规模压裂改造技术；（6）温和适度注水技术；（7）超前注水技术；（8）低成本提高采收率技术；（9）“单、短、简、小、串”地面工艺技术。

2. 低渗透砂岩气藏实现了规模有效开发

低渗透砂岩气田开发同样形成了一整套有效开发主体技术、

特色技术和适用的配套技术体系。主要有：（1）高精度二维地震技术；（2）富集区筛选、井位优选技术；（3）快速钻井及小井眼钻井技术；（4）适度规模压裂技术；（5）井下节流技术；（6）排水采气技术；（7）分压合采技术；（8）地面不加热、低压集气、混相计量技术。

长庆油田经过多年实践，根据不同油气藏、不同地貌形态、不同评价标准和不同技术条件，形成了一系列具有长庆油田特色的低渗透油气田高效开发管理模式。主要有：

（1）马岭模式（20世纪70年代，侏罗系油田，石油部典型）；

（2）安塞模式（20世纪90年代初，石油部授予，低渗透原点油田）；

（3）靖安模式（20世纪90年代中，中国石油天然气股份有限公司高效开发油田）；

（4）靖边模式（20世纪90年代末，中国石油天然气股份有限公司高效开发气田）；

（5）西峰模式（新世纪，中国石油天然气股份有限公司高效开发油田）；

（6）姬塬模式（新世纪）；

（7）苏里格模式（新世纪，气田开发典型）；

（8）小区块模式（20世纪80年代末）；

（9）长北合作模式（新世纪，气田）。

3. 海相碳酸盐岩低渗透油气藏规模有效开发

2008年，海相碳酸盐岩低渗透原油产量近500×10^4t，占总产量的2.6%，天然气产量达$153.8\times10^8m^3$，占总产量的20.2%。海相碳酸盐岩的基本特征是埋藏深、多期成藏、多种流体并存、

多压力系统、多油水关系、多开采动态；主要分布在塔里木、鄂尔多斯和四川盆地，代表性油气田有塔河、轮南、英卖力、靖边、须家河等气藏已经实现了规模有效开发。

形成了一整套海相碳酸盐岩低渗透油气藏有效开发主体技术体系。主要有：(1) 缝洞识别与刻画技术；(2) 超深井钻完井技术；(3) 水平井、侧钻水平井技术；(4) 碳酸盐岩注水替油技术；(5) 找、堵水工艺技术；(6) 超深井酸化压裂技术；(7) 超深井稠油举升技术。

4. 低渗透火山岩油气藏开发

低渗透火山岩油气藏主要分布在三塘湖盆地牛东地区和松辽盆地深层。其储层特征是中型火山岩油藏，埋深适中、原油品质好、初期产量高。三塘湖盆地牛东地区火山岩油藏得到规模有效开发，2008 年累计建成产能 24×10^4t。松辽盆地深层、准噶尔盆地火山岩气藏的开发尚处于开发试验阶段，2008 年火山岩气藏天然气产量 6.66×10^8m^3。目前，低渗透火山岩油气藏开发处于起步阶段。

四、低渗透将是中国未来油气发展的主流

低渗透开发已是中国油气开发建设的主战场。新探明储量中低渗透储量相对比例越来越大，已成为油气勘探不争的事实；新建油气生产能力、油气产量，低渗透油气所占的比例关系越来越大。中国石油低渗透开发的前景看好，但是难度将越来越大。

从全球油气勘探开发的主流趋势看，低渗透油气勘探开发的地位日益提升。中国科学院贾承造院士说，目前全球油气勘探开发的主流趋势在五个方面：(1) 低渗透油气；(2) 老油田提高采

收率；(3) 天然气；(4) 深海油气勘探；(5) 新能源（包括非常规油气资源)。近年来，低渗透油气田勘探开发、老油田提高采收率、天然气勘探开发等，已成为国际油公司选择的主要目标。

近年来，中石油在油气田开发方面所实施的重大战略举措，其主要对象为低渗透油气田和老油气田提高采收率：2003 年，油藏精细描述；2004 年，十项重大开发试验；2005 年，“多井低产”的提出及对策；2006 年，水平井及低渗透水平井水平段压裂改造；2007 年，老油田二次开发；2008 年，审定通过的长庆 5000×10^4t 油气当量规划。这些重大举措几乎都与低渗透关系密切。

(一) 剩余油气资源主要为低渗透

根据第三次资源评价结果，中国主要含油气盆地剩余石油与天然气资源品位分布如图 6 和图 7 所示。全国剩余石油资源量 799×10^8t，其中低渗透石油资源 431×10^8t，占剩余石油资源总量的 53.9%。全国剩余天然气资源中 $49.6\times10^{12}m^3$，其中低渗透天然气 $24.8\times10^{12}m^3$，占剩余天然气资源总量的 51%。可见，在剩余油气资源中，低渗透已经占据了“半壁河山”。总体看，中国的油气勘探已进入低渗透勘探的时代。

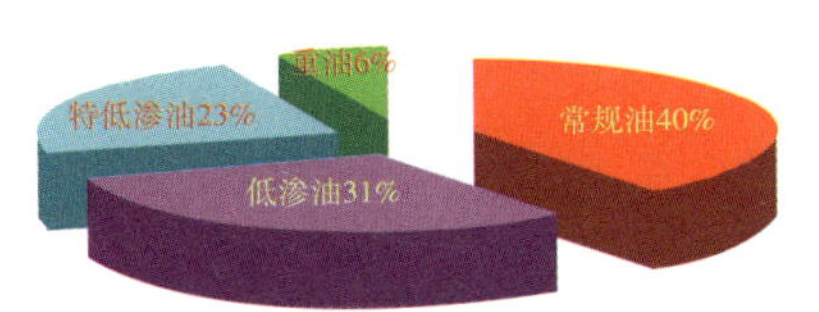

图 6　剩余石油资源的品位分布

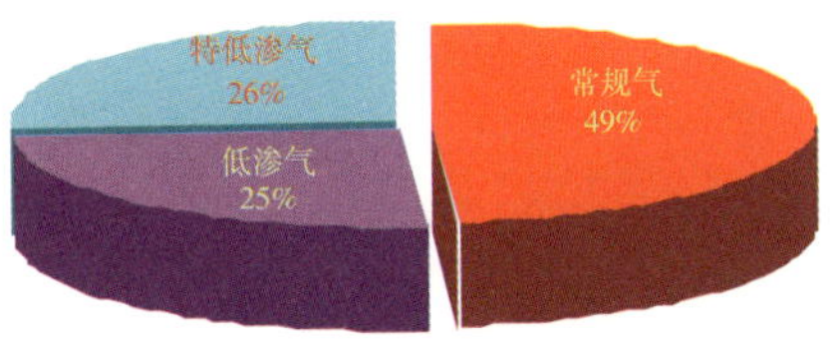

图 7　剩余天然气资源的品位分布

(二) 全国低渗透油气资源需要进一步评估

如果依据最新的生产实践和技术进步成果，修订第三次资源评价对低渗透资源的评估的评价的标准，那么全国低渗透石油远

景资源量保守的估计应该在 700×10^8t 以上，天然气远景资源量应该在 $35\times10^{12}m^3$ 以上。

之所以说实保守的估计，其主要依据有：（1）大面积低渗透砂岩：低于 0.5mD 以下的低渗透资源还认识不足；（2）海相碳酸盐岩：认识程度较低，尚未从资源的角度进行系统评价和认识，潜力较大；（3）火山岩：目前认识程度很低，该领域尚未进行系统评价和计算；（4）深层潜山及其内幕：尚未进行系统评估；（5）其他：南海海域、羌塘、中生代中小盆地尚未进行系统评估。基于以上 5 个理由，应该说全国低渗透油气资源量要远大于目前的评估值。

以鄂尔多斯盆地大面积低渗透砂岩资源量的变化为例。20 世纪 80 年代末：以 10mD 为下限，计算的石油远景资源量为 15.3×10^8t、天然气 $4.17\times10^{12}m^3$；20 世纪 90 年代末期：以 1mD 为下限，计算的石油远景资源量 40×10^8t、天然气 $10.7\times10^{12}m^3$；2003 年左右：以 0.5mD 为下限，计算的石油远景资源量 85.88×10^8t；如果以 0.3mD 下限，预计石油远景资源量可能是 120×10^8t。因此，我们还要对低渗透的资源量进行进一步的评估。

（三）越来越多的低渗透资源将不断被有效开发和继续发现

1. 全国已发现储量开发情况

石油探明储量动用率为 72%，未动用储量为 80×10^8t，主体为特低渗透储量。

天然气探明储量动用率为 38%，未动用储量为 $3.7\times10^{12}m^3$，主要为渗透率小于 0.1mD 的储量。

2. 全国近几年新增探明油气储量情况（2001—2008）

探明石油储量中低渗透比例由60.7%增至74.8%。

探明天然气储量中低渗透比例由47.6%增至78.7%。

中国油气资源的勘探开发向低渗透方向发展，是一种客观必然趋势，是中国未来油气工业发展的主流趋势！

从资源、储量、产量及投资，都以无可争辩的事实证明了低渗透为王的时代的到来！

要树立低渗透油气勘探开发的最高境界观，挑战极限，规模有效开发，一切储量都可动用，不断进行低渗透技术革命，要有前瞻性的战略谋划，制定成长性的发展目标。

当前，要承认现实，认清主体趋势、主战场，要制定低渗透勘探开发战略，资源是基础、技术是手段、低成本是动力。

五、结语

如果说，曾经的低渗透，是一个望而生畏的名词。20年前破解她，还是一个梦，是一个极其难圆的梦。而今，梦，变为现实，是大趋势，更是难题，今后仍是难题！但是，今天的低渗透，已成为主战场，成为全球油气发展的主流趋势！

那么，低渗透变通之道的钥匙是什么？是哲学。成功之路的基石是什么？是技术创新与集成。精诚所至，金石为开。创者，善行。而哲学与技术的背后是什么？是人！一批平凡而努力的人！一批热爱低渗透事业而孜孜以求的人！

（本文大量技术资料由何海清同志提供，特此表示感谢）

鄂尔多斯盆地低渗透油气田开发技术

冉新权[1]

摘要：针对鄂尔多斯盆地低渗透油气藏“低渗、低压、低丰度”的地质特点，长庆油田依靠科技进步，不断探索低渗透油气田开发的有效技术方法。近年来，重点以提高单井产量、降低成本为核心，通过技术创新，发展并完善了超前注水、井网优化、储层改造等为特色的低渗透油气田开发主体技术系列，同时，推行标准化设计和数字化管理，进一步提高了油气田开发水平和经济效益。

关键词：鄂尔多斯盆地　低渗透油气田　开发技术　标准化设计　数字化管理

研讨会技术报告二

长庆油田公司面对“低渗、低压、低丰度”的油气藏特征，立足自主创新，不断挑战低渗透极限，发展并完善了超前注水、井网优化、储层改造等为特色的低渗透油气田开发主体技术系列，不断扩大了油气勘探开发领域，实现了长庆油田的快速有效发展。

[1]作者简介：冉新权，男，1965年6月出生，1993年获西南石油学院博士学位，现为中国石油长庆油田分公司总经理兼党委副书记，教授级高级工程师。

一、鄂尔多斯盆地低渗透油气资源

（一）盆地概况

1. 构造单元

鄂尔多斯盆地是我国第二大沉积盆地，位于中国大陆中部，盆地面积 $37\times10^4\text{km}^2$，本部面积 $25\times10^4\text{km}^2$。盆地划分为伊盟隆起、西缘逆冲带、天环坳陷、伊陕斜坡、晋西挠褶带和渭北隆起六个构造单（图 1）。

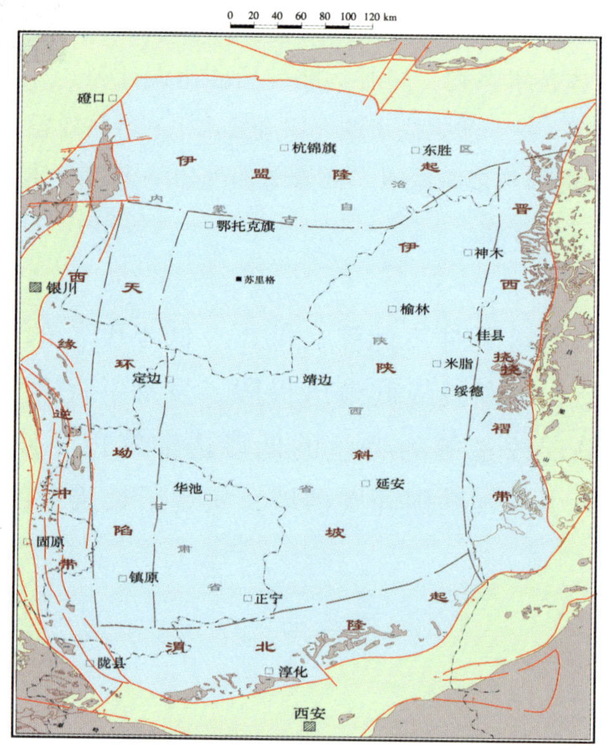

图 1　鄂尔多斯盆地构造区划图

2. 地形地貌

北部：沙漠、草原及丘陵区，地势相对平坦，海拔1200～1350m。

南部：黄土塬区，沟壑纵横、梁峁交错，黄土层厚100～300m，海拔1100～1400m。

（二）低渗透油气藏分布特征

1. 纵向分布特征

盆地发育元古界、古生界、中生界和新生界地层，沉积岩平均厚度6000m。

古生界：发育下古生界奥陶系碳酸盐岩、上古生界石炭系和二叠系砂岩两套含气层系。

中生界：主要发育三叠系延长组、侏罗系延安组两套含油层系。

2. 平面分布特征

天然气主要分布在盆地的北部，石油主要分布在盆地的中南部（图2）。

伊陕斜坡是油气聚集的主要构造单元，目前发现的90%以上油气储量都分布在该构造单元。

（三）低渗透油气储量分布

1. 石油探明储量

根据长庆油田勘探开发实践，将低渗透进一步细分为三类：

低渗透（10 ~ 50mD）、特低渗透（1.0 ~ 10mD）、超低渗透（0.1 ~ 1.0mD）。

目前，长庆油田已探明石油地质储量近 20×10^8t。其中，特低渗透和超低渗透占 76.4%，低渗透占 23.6%。

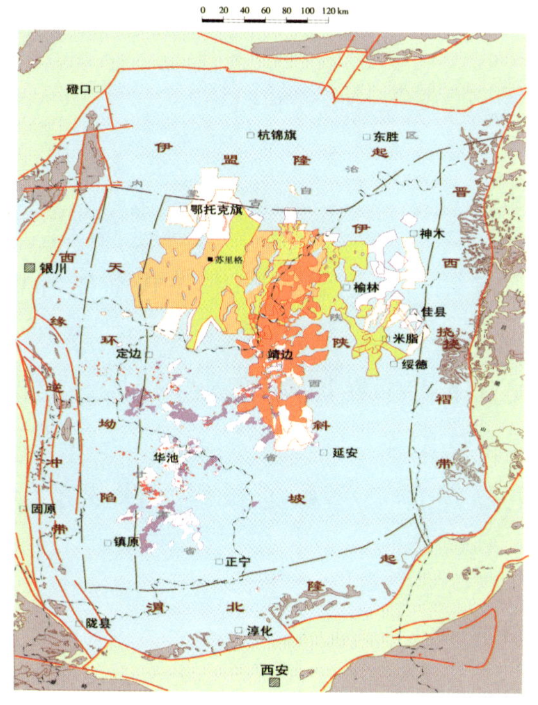

图 2　鄂尔多斯盆地构造区划及勘探成果图

2. 天然气探明储量

目前，长庆探区共有天然气探明储量近 $3 \times 10^{12}m^3$，均为低渗透（小于 10mD）储量。其中，渗透率小于 1mD 的储量占 71.2%，渗透率在 1 ~ 10mD 以上的储量占 28.8%。

二、低渗透油气藏特征

（一）低渗透油气藏地质特征

1. 石油地质特征

中生界主力油藏主要受控于三角洲沉积体系。东北部三叠系曲流河三角洲成藏模式，油藏沿曲流河三角洲前缘主砂带呈朵状分布。以安塞、靖安油田为代表。西南部三叠系辫状河三角洲成藏模式，油藏受辫状河三角洲前缘水下分流河道和浊积体控制，呈带状分布，以西峰油田为代表。

2. 天然气地质特征

（1）上古生界砂岩气藏受控于大型河流—三角洲沉积体系。

大型河流—三角洲沉积体系发育三角洲分流河道储集砂体，煤系烃源岩稳定分布形成广覆式生烃，砂体与上倾方向致密泥岩有效配置形成大型岩性气藏。

（2）下古生界碳酸盐岩气藏主要受控于奥陶系风化壳岩溶储层。

奥陶系马家沟组含膏白云岩受风化淋滤溶蚀发育孔洞型储层，上倾方向受致密岩性或侵蚀古沟槽泥岩遮挡，形成古地貌—岩性气藏。

3. 油（气）藏特征

（1）低渗：三叠系延长组储层渗透率0.3～2mD，上古生界储

层渗透率0.1～3mD；

（2）低压：油藏压力系数0.65～20.8，气藏压力系数0.86～20.95；

（3）低丰度：石油（30～250）$\times 10^4 t/km^2$；天然气（0.4～21.4）$\times 10^8 m^3/km^2$；

（4）面积大，储层分布稳定；

（5）原油黏度低，易于流动；

（6）储层微裂缝发育，岩石水敏矿物较少，润湿性为弱亲水—中性，有利于注水开发；

（7）可动油饱和度40%～60%，驱油效率40%～55%。与其他低渗透油藏相比，可动油饱和度大，驱替效率高。

（二）低渗透油气藏开发特征

1. 单井产量低

渗透率对油气井产量影响明显，低渗透油气层自然产能低，不经过压裂改造很难获得工业油气流。

2. 非达西渗流特征明显，驱替压力梯度大

常规油气藏渗流为达西渗流；低渗透油气藏中流体与岩石分子力作用较强，非达西渗流特征明显，存在启动压力梯度，有效驱替压力系统难以建立，增加了开发难度。

3. 地层压力低，储层应力敏感性强

地层压力系数普遍小于1.0，储层具有明显的应力敏感性特征，渗透性随着油气藏压力降低而下降，并具有不可逆性。渗透

率越低，应力敏感性越强，渗透率下降的越大，对产量的影响越大。

4. 储层微裂缝发育，且与孔隙搭配比较好

储层微裂缝发育，吸水能力比较强。同时，微裂缝沟通孔隙，增加了储层渗流能力。

5. 稳产能力强，投资回报高

长庆油田单井产量低，但稳产时间长，主力油田递减保持在7%以下。虽然油田一次性建产百万吨投资高，但投资回报率高，综合效益很好。

三、低渗透油气田主体开发技术

针对鄂尔多斯盆地低渗透油气藏地质特点，长庆油田依靠科技进步，不断探索低渗透油气田开发的有效技术方法。近年来，重点以提高单井产量、降低成本为核心，通过技术创新，进一步提高了油气田开发水平和经济效益。

（一）低渗透油田开发技术

1. 超前注水技术

依据变形介质的压敏效应机理和非达西渗流理论，长庆油田创建了以提高地层能量、减少压敏效应、建立有效的驱替压力系统的超前注水技术，使得油井单井产量较以往提高了15%～20%（图3）。

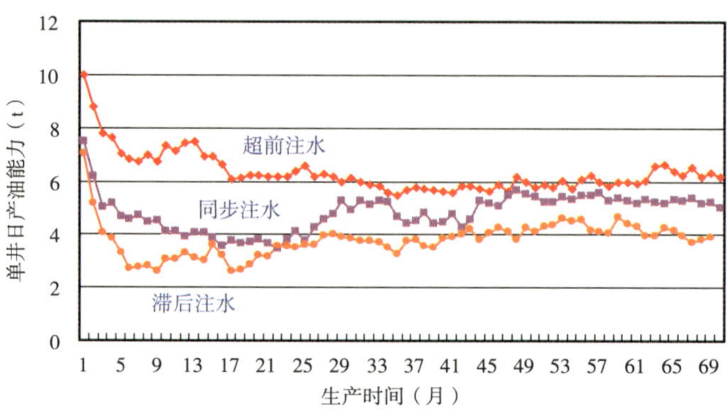

图3　靖安油田不同注水时机效果对比图

2. 井网优化技术

形成了正方形反九点、菱形反九点、矩形三种直井开发井网形式和交错排状水平井开发井网形式，以适应不同物性、不同裂缝发育程度的储层，实现了井网与裂缝系统的优化配置（图4）。

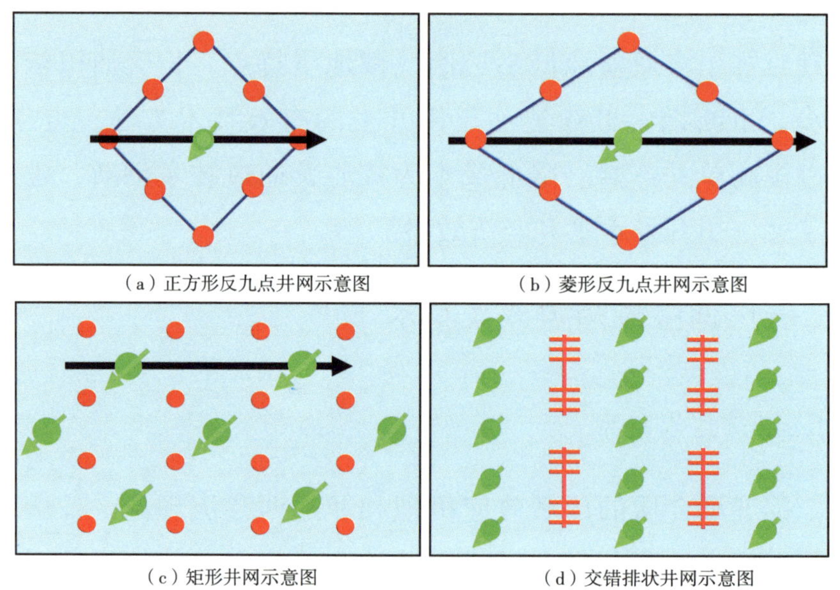

图4　开发井网示意图

3. 精细油藏描述技术

初步形成了沉积旋回结合高分辨率层序地层学地层对比技术、多参数流动单元定量研究技术、裂缝描述及等效处理技术、考虑塑性形变的油藏数值模拟技术、低速非达西渗流试井解释技术、不同开发阶段开发指标跟踪预警技术等具有长庆特色的特低渗透油田精细油藏描述技术。建立了长庆油田精细油藏描述数据库系统(图5)。

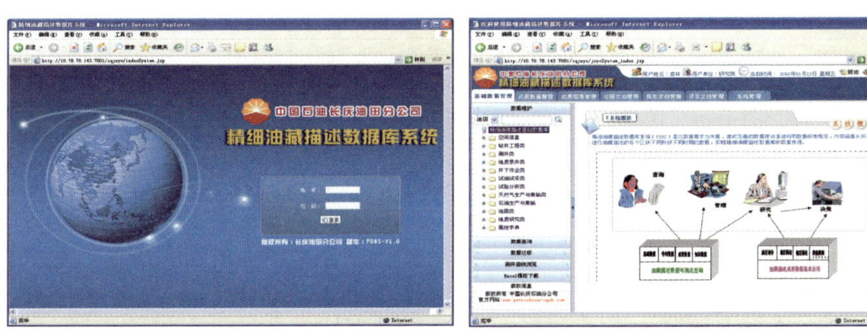

图5　精细油藏描述数据库系统图示

4. 精细注采调控技术

在精细油藏描述和动态监测的基础上，以注水为中心，制定不同类型油藏不同开发阶段注采调控对策，实施平面和剖面注采调控，保持油田持续稳产。

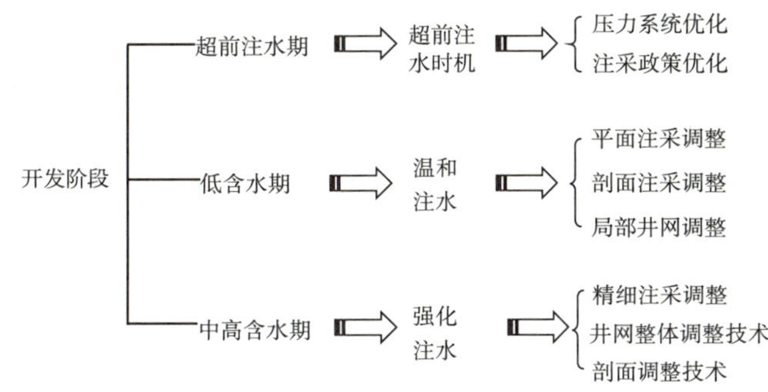

5. 丛式井钻采工艺技术

针对山大沟深的地貌特征、油藏地质条件，以节约土地、保护环境、降低开发综合成本为目的，形成了适应长庆低渗透油田特色的丛式井钻采工艺配套技术，主要有丛式井优化布井技术、井身结构优化技术、防碰绕障技术、快速钻井技术、定向井优化设计和诊断技术、杆柱扶正防磨防断脱技术。

采用丛式井组开发能够大幅度减少土地占用量，每个井组平均井数8～10口，最多23口井，平均钻井周期和直井相近，从整体上大幅度降低产能建设投入，缩短了建井周期，有效提高了特低渗透油田开发的经济效益。

6. 整体开发压裂技术

整体开发压裂是将水力压裂裂缝先期引入井网部署中，以压裂开发为出发点优化井网，以与井网适配优化压裂参数，实现裂缝系统、井网系统、驱替系统一体化，做到水力裂缝与开发井网相适配、水力裂缝导流能力与储层渗流能力相适配、低伤害压裂液体系与储层要求相适配、压裂时机与超前注水相适配，从而达到少投入、高产出、快速高效开发的目标。

自2000年起开发压裂技术在长庆新开发油田中全面推广应用，形成了与井网相适配的开发压裂技术模式。开发实践表明，整体开发压裂与以前的压裂相比有产量高、含水低、稳产水平高的优点。

7. 定向射孔＋多缝压裂技术

定向射孔＋多缝压裂是针对致密厚层状储层特点，为了从根本上实现单井产量的突破，提出了在单个层内进行转向压裂从而形成双S型水力裂缝的新方法，从平面上造两条缝（图6），扩大泄油面积，最终提高单井产量。

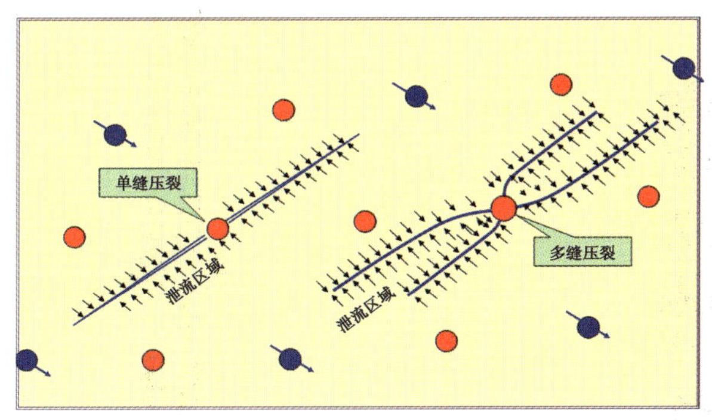

图6　多缝压裂扩大泄油面积效果图

8. 定向井小水量分层注水工艺技术

根据长庆油田注水井具有“定向井、小水量”的特点，以及分层注水工艺存在测试效率低、调配难度大、小水量测试误差大等问题，开展了分层注水新工艺研究与试验，形成了以“偏心分注、空心分注、智能无级调配测试技术”为主体的定向井小水量分层注水工艺技术（图7）。特别是智能无级测试调配技术的应用，实现了“压力同步录取、流量实时监测、水嘴连续可调”，测试精度高、调配时间短。

分注工艺规模化应用对油田稳产和有效开发提供了保障；层间剖面矛盾有所缓解，吸水不均现象得到改善；水驱状况稳中有升，自然递减得到控制，油田稳产形势变好。

9. 低渗透油田堵水调剖技术

长庆特低渗油田非均质性强，裂缝发育，注水开发过程中水淹问题表现比较突出。目前已开发到中后期的侏罗系老油田整体

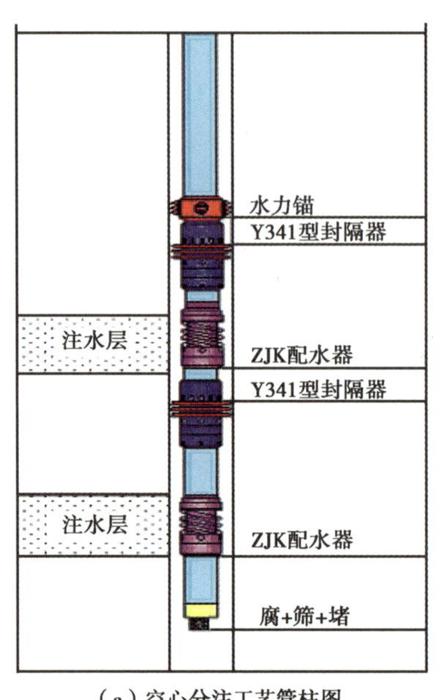

（a）空心分注工艺管柱图

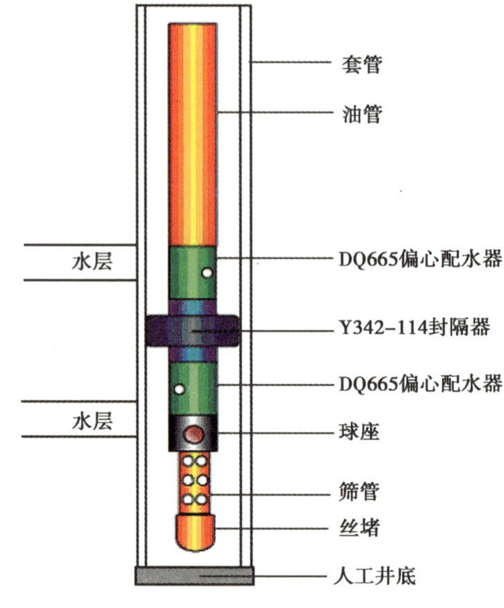

（b）偏心分注工艺管柱图

图7 定向井小水量分层注水工艺技术示意图

含水上升；近年来全面投入开发的三叠系油田部分区块裂缝性水淹问题严重，给油田生产带来了很大的影响。

针对这一问题，近年来开展了注水井堵水调剖工艺的研究和试验。通过对油井水淹规律的研究认识、不同窜流通道类型的识别研究、堵剂的研发、现场试验，初步形成了针对三叠系裂缝水淹问题而研究的“水驱流向改变剂＋疏水缔合聚合物”和“YQY高强度聚合化堵”技术和针对油井底水水淹问题而研究的“化学软隔板底水封堵”技术。

10. 地面优化简化工艺技术

长庆油田地处鄂尔多斯盆地陕北黄土高原，是中国陆上著名的低渗透油田，长庆油田开发建设39年来，先后成功的开发了36个低渗、特低渗油气田，并形成了一套适用于黄土高原低渗透油田的地面工艺技术，创造了著名的“安塞”、“西峰”等地面建设模式，成功地控制了地面建设投资，确保了长庆特低渗透油田的有效开发，为长庆油田大规模上产和滚动开发奠定了坚实的基础。

1）安塞模式

以“单、短、简、小、串”为技术特征；以丛式井阀组双管不加热密闭集输为主要工艺流程；以阀组串阀组、接转站串接转站集油，单干管、小支线、活动洗井注水等为主要配套技术；形成了“井口→接转站→联合站”为主的二级布站方式（图 8）。

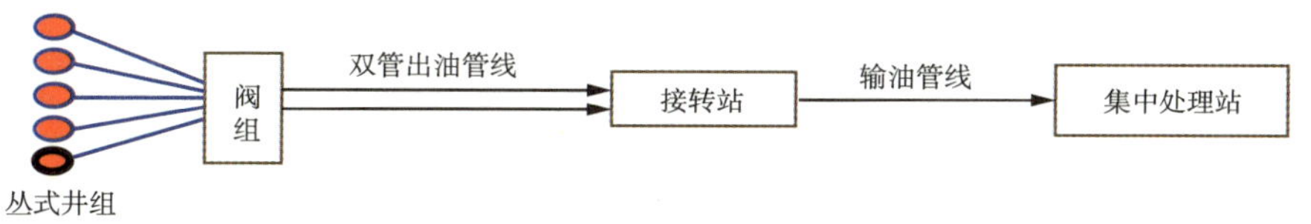

图 8　安塞模式二级布站方式示意图

2）西峰模式

以丛式井单管不加热密闭集输为主要流程，以井口功图计量、井丛单管集油、油气密闭集输、原油三相分离、气体综合利用、稳流阀组配水为特色的地面建设模式，形成了“井口→（增压点）接转站→集中处理站”为主的二级半布站方式。

长庆油田地面建设工艺技术不断发展、完善、优化、简化，地面工程占油田开发总投资的比例不断降低（安塞油田 35.5%、靖安油田 30%、西峰油田 23%）。

3）超低渗透油藏地面工艺

根据长庆油田公司规划部署，在未来几年内每年新建产能都在 400×10^4t 左右，原油产量仍将以百万吨以上的速度逐年快速递增，同时油田开发的重点将转向埋藏更深、渗透率更低的储层，

开发力度和开发难度均是前所未有。

优化井场布局：采用大井组组合，地质、工艺、地面结合，优选井场位置，井场布局和路网、管网协调一致，井场尽量布置在油区干线道路、管线附近，减少支线。

优化站场布局：采用集供注一体化的“小站布局模式”，以小型增压注水站为核心，水源直供、井站合 建、油水管网同沟敷设适应快速滚动开发建设需要。

最终形成了以丛式井单管不加热密闭集输为主要流程的超低渗透油藏地面工艺技术，采用的主要技术有：大井组布局；井口功图计量，井丛单管集油；稳流阀组配水；油气水三相分离；集、供、注一体小站模式；井口套管定压集气、增压点单管密闭混输；伴生气综合利用；井口→（增压点）→联合站为主的二级布站。

11. 油田标准化设计

油田产建是综合性的系统工程，油田标准化设计涵盖了集输、注水、供水、矿建四大系统。实现了联合站以下场站（增压点、接转站、注水站、供水站、井区部）设计系列化，模块的系列化，设备材料选型系列化，满足不同规模产建的需要。

对于同一规模及同一类型的站场，在设计过程中实现六统一：统一系统布局，统一井站平面，统一工艺流程，统一设备材料，统一建设标准，统一安装尺寸。

为了便于提高设计效率、集中采购、模块化施工、降低投资以及便于日常维护管理，在设计过程严格的做到了十点：平面布局标准化，工艺流程通用化，工艺设备定型化，设备材料国产化，安装预配模块化，三维视图可视化，设计规模系列化，建设标准统一化，安全设计人性化，生产管理数字化。

（二）低渗透气田开发技术

1. 储层预测技术

以全数字地震采集资料为基础，强化叠前地震资料的“三高”处理，采用叠前弹性反演和AVO分析等叠前储层预测技术，进行有效储层的预测，优选开发井位，将Ⅰ＋Ⅱ类井比例提高了15%左右，为气田经济有效开发提供了保障（图9）。

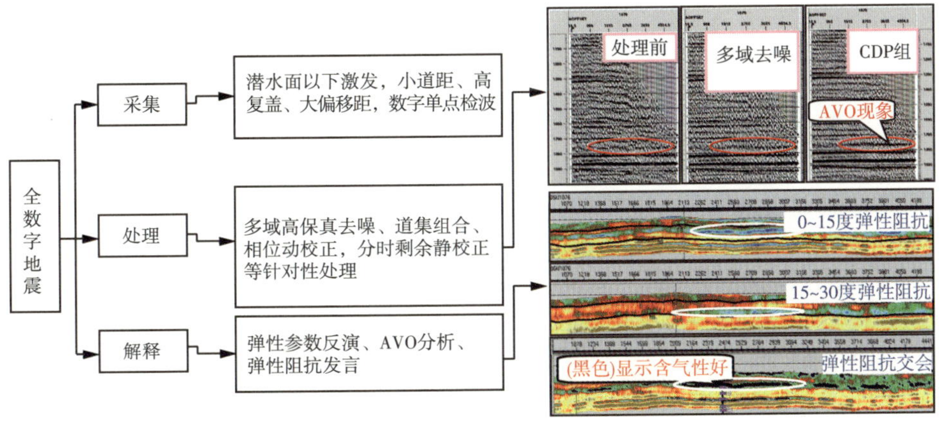

图9　储层预测技术示意图

2. 井网优化技术

通过地质统计、密井网砂体解剖、试井分析、动储量评价、数值模拟以及经济极限法等多种动静态方法，论证了低渗透砂岩气藏合理井排距，为提高气田的采收率奠定了基础（图10）。

图 10　井网优化技术示意图

3. 气田快速钻井工艺技术

针对不同气田区块及复杂地质层系，以 PDC 钻头个性化设计和复合钻井为核心的快速钻井技术，优选螺杆动力钻具组合、优化钻井参数和钻井液体系，形成了天然气快速钻井技术集成。平均机械钻速不断提高，平均井深 3440m，钻井周期降至 20d 以内，最快钻井周期降至 7d，最快机械钻速达到 26m/h。随着气田快速钻井技术的不断应用和完善，钻井速度不断提高，钻井周期不断缩短。

2008 年底与年初相比，平均钻井周期缩短了 15.3d，其中有 19 口井实现了钻井周期 20d 之内的目标。

4. 丛式井钻完井工艺技术

通过技术攻关和现场试验，形成了以平台井数优化、井身剖面优化、PDC 钻头个性化、复合钻技术、储层保护技术为核心的丛式井钻完井工艺技术。

1）平台井数优化

结合气田储层埋深、井网分布、井眼轨迹以及钻井过程防碰绕障等要求，优化了井口间距和平台井数。

2）丛式井组剖面优化

在前期直—增—稳剖面实践的基础上，针对井眼轨迹控制难度大、斜井段钻井速度慢的情况，改进了井身剖面，优化井眼轨迹，提高了机械钻速，取得了较好的效果。

3）PDC 钻头优选

针对苏里格地层的特点，对 PDC 钻头（图 11）进行个性化设计，优化和改进钻头结构，提高了其适应能力。

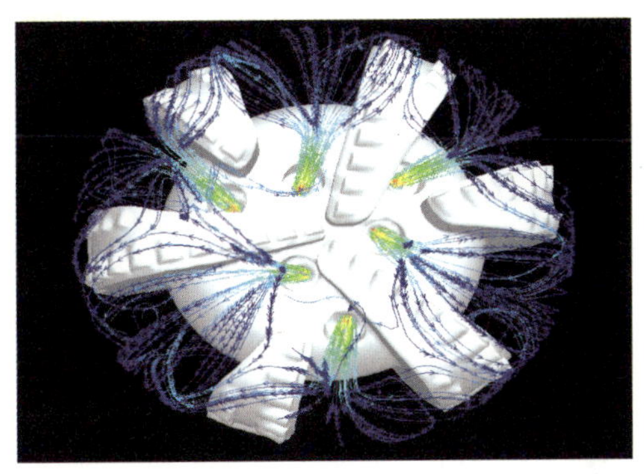

图 11　渐开式布齿、非对称刀翼 PDC 钻头

4）优化了钻具组合

使用配合 PDC 钻头的单弯双稳钻具组合，充分发挥 PDC 钻头的快速钻井优势，能满足直井段防斜、定向造斜、复合调整和稳斜稳方位的轨迹控制要求。采用螺杆钻具 + 转盘的复合钻井方式，使钻具承受较低的转速，钻头获得较高的转速，提高钻井速度。

5）储层保护技术

通过多年的研究和实践，优选出了低成本无固相聚合物快速钻井液体系和有机阳离子聚合物储层保护钻井液体系，得到了广

泛的应用，取得了良好的效果。

5. 气井机械封隔连续分压合层开采工艺技术

靖边气田、榆林气田以及苏里格气田不同程度上发育着多套含气层系，一井多层比例高。储层具有物性差、非均质性强、单层产量低等特点，需要各层充分动用以提高产量。因储层非均质性强，合压往往仅能改造物性相对较好的层段，并不能充分动用每个小层。因此，必须开展分层压裂合层开采工艺研究，而常规分层压裂工艺（桥塞、填砂分压）存在两个缺陷：井下作业工序多，试气周期长；需要进行压井作业，导致气层伤害。

为充分挖掘各层系潜力，提高单井产量，解决前期填砂分层压裂、桥塞分层压裂、投球分层压裂等常规分层压裂工艺存在的分层改造可靠性差、试气周期长、压井作业对储层伤害大等缺点，确定了机械封隔器连续分层压裂改造工艺方案，开展了气井不动管柱连续分层改造技术攻关。

经过几年的攻关研究，针对不同储层特点形成了 Y241 机械分层压裂合采工艺及 Y344 机械分层压裂合采工艺两套工艺技术体系，实现了不压井连续分压三层的突破。

6. 井下节流工艺技术

井下节流工艺是依靠井下节流器实现井筒及地面管线节流降压，利用地温加热，使节流后井口气流温度基本能恢复到节流前温度，有效防止井筒及地面管线水合物形成。通过多年研究攻关，解决了井下节流器大压差高温条件下的密封问题，以井下节流技术为基础的地面简化优化技术取得重大突破，实现了苏里格气田特有的“井口不加热、不注醇，集气管线不保温”的中低压集气新模式，该技术成为苏里格气田经济有效开发的关键技术之一。

与传统集输模式相比，井下节流技术与相关技术集成应用，实现了苏里格气田中低压集气模式，使地面投资降低50%；有效防止水合物形成，提高了气井携液生产能力；可以减少地层激动，有利于提高气井最终采收率；不加热、不注醇，有利于节能减排。

7. 地面建设配套技术

长庆气田开发从无到有，从小到大。20年以来，我们根据气藏的地质特征和特殊的地面建设环境，坚持在试验总结的基础上，积极采用新技术、新方法、多学科、静动态联合攻关，努力实现低渗不低效的目标，创造了两种气田地面集气工艺模式：一是靖边气田“高压”集气模式；二是苏里格气田“中低压”集气模式。取得了显著的经济和社会效益，也为我国气田开发建设创出了新的模式，为低渗、中低产气田的高效益开发积累了有益的经验。

1）靖边气田“多井高压”集气工艺

靖边气田整体上属于埋藏深、低渗透、低丰度、中低产、大面积复合连片的整装气田。低渗透气田是我国新类型气田，其开发还处于空白，无技术无经验支持，在对靖边气田正式开发前，1993年率先对陕81～84井区开始进行先导性工业试验，针对下古气田地面建设的特点，坚持科技创新，简化工艺流程，我们从“集气半径、净化工艺、集输管网、管材选择”等多方面进行优化，形成了以“高压集气，集中注醇，多井加热，间歇计量，小站脱水，集中净化”为技术核心的具有领先水平的“三多

（多井集气、多井注醇、多井加热）；三简（简化井口、简化布站、简化计量）；两小（小型橇装脱水、小型发电）；四集中（集中净化、集中甲醇回收、集中监控、集中污水处理）”为特点的长庆靖边气田地面建设模式（图12、图13）。

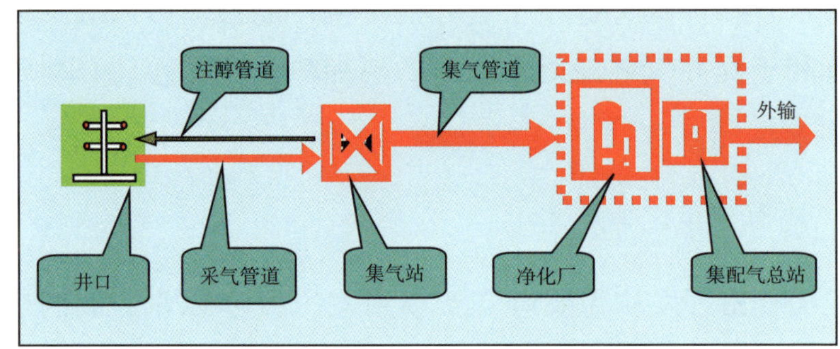

图12　长庆靖边气田“二级”布站流程示意图

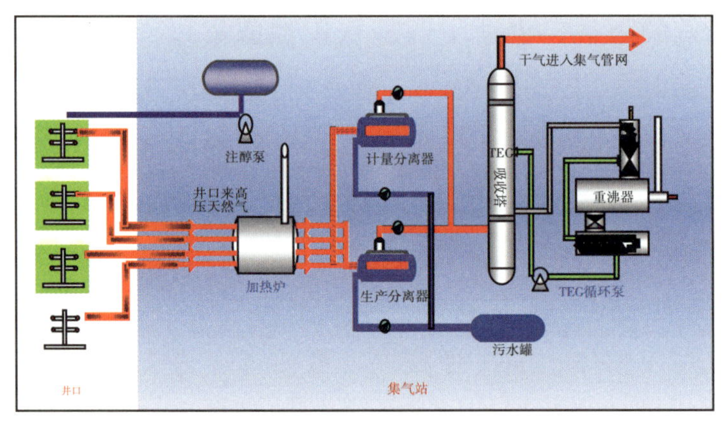

图13　多井高压集气站工艺流程示意图

2）苏里格气田“中低压”集气工艺

（1）苏里格气田地面建设难点。

苏里格气田是世界罕见的“三低”气田（低渗、低压、低丰度），储层致密，薄而分散，储层非均质性强，单井控制储量小，气井数量多，工程规模大，建产区域广。建设难点主要表现在：

单井平均日产量 $1.1\times10^4m^3$，递减速度快，稳产能力差，亿方产能建井 30 口，地面建设投资控制难度大；气田初期生产压力高达 22MPa，但压力下降快，大部分时间处于低压生产状态，压力系统确定困难；气井携液能力差，（0.4 ~ 0.5）m^3 水/10^4m^3 气，井口温度低，易生成水合物；气流中含有少量重烃，需脱油脱水；地处毛乌苏沙漠，冬季严寒，夏季酷热，社会依托条件差。

（2）主体工艺技术。

通过地上地下集成创新、优化简化，确立了“井下节流，井口不加热、不注醇，中低压集气，带液计量，井间串接，常温分离，二级增压，集中处理”的总体工艺技术路线。

形成了 8 项关键技术：井下节流技术、气井串接技术、采气管线安全关断保护技术、井口湿气带液计量技术、集气站常温分离、中低压湿气输送技术、增压集气技术、气田数字化管理技术、苏里格气田生态环境保护技术。

8. 标准化设计体系

1）标准化建设体系的具体内容

（1）标准化的基础是六统一。

苏里格气田标准化设计按照“统一工艺流程、统一平面布局、统一模块划分、统一设备选型、统一三维配管、统一建设标准”的原则，针对地面建设内容，以工艺技术优化简化和定型为核心，以模块设计为关键手段，对批量性、通用性、重复性的产建内容进行标准化设计。使设计在苏里格大规模的地面建设中趋于标准化，具有科学性、合理性、通用性和先进性。

（2）核心内容。

标准化设计包括 10 个方面的内容：站场规模系列化、工艺流

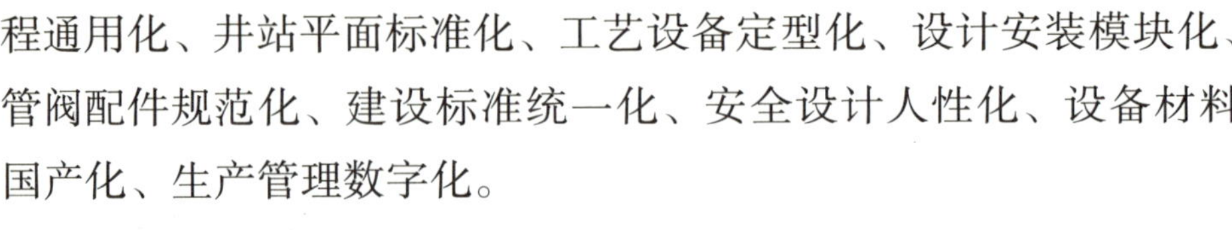

程通用化、井站平面标准化、工艺设备定型化、设计安装模块化、管阀配件规范化、建设标准统一化、安全设计人性化、设备材料国产化、生产管理数字化。

2）实施效果和重要意义

在苏里格气田开发建设中形成的“标准化设计、模块化建设”技术是设计理念和设计手段的集成创新，是对固有设计思路的变革，是长庆油田在“三低”油气田开发建设实践中，经过长期研究探索和总结积累，开创出的一条创新之路、环保之路、和谐之路，更是油田各级领导、专家、科技设计工作者心血和智慧的结晶。这一技术在苏里格气田的成功推广应用，标志着中国石油一场新的场站建设革命正在悄悄拉开帷幕。

标准化设计给油气田站场建设带来了革命性的变化，其产生的综合效益体现在八个方面：缩短了设计周期、有利于规模化采购、推进模块化建设、保证了建设质量、提高了生产时率、降低了建设成本、改善作业环境、提升了管理水平。

（三）数字化管理建设体系

1. 数字化管理目标

实现“同一平台、信息共享、多级监视、分散控制”，达到“强化安全、过程监控、提高效率、节约人力”的目标。

2. 数字化建设思路

数字化管理重点面向生产一线，现场井及井丛、管线、站（库）等基本生产单元的过程管理是数字化管理的重心和基础。

两高——高水平、高效率；

一低——低成本；

三优化——优化工艺流程、优化地面设施、优化管理模式；

两提升——提升工艺过程的监控水平、提升生产管理过程智能化水平。

3. 数字化建设的原则

坚持“突出三个结合、抓好五个统一、推进两个转变”的建设原则。

突出三个结合——与生产岗位相结合、与劳动组织相结合、与基本生产单元相结合；

抓好五个统一——坚持技术、标准、设备、管理、平台统一；

推进两个转变——思维方式、工作方式的转变。

4. 数字化管理六个组成模块

根据油田公司关于数字化气田建设的精神，数字化生产管理系统整体分为6个模块，分别为生产运行管理、采气工程子系统、地质专家子系统、电子自动巡井、远程紧急关井、管网优化子系统。通过系统的协作流程实现管理系统的各个功能目标。

5. 油田数字化七大功能

油田数字化实现以下七大功能：数据自动录入，生产实时监测，安全智能监控，工况智能分析，方案自动生成，系统远程维护，应急救援协调。

6. 气田数字化六大功能

管理系统建设成为了智能化的生产管理与控制平台，实现生

产管理中的数据自动录入、方案自动生成、异常自动报警、运行自动控制、电子自动巡井、资料安全共享等“六大功能”。

7. 实施效果

通过实施数字化管理建设体系，组织机构得到了精简，安全系数得到了提高，自然环境得到了保护，同时又大大减少了员工的劳动强度，效果十分显著。

四、低渗透油气藏勘探开发技术成效与展望

（一）低渗透油气藏勘探开发主要成果

1. 油气产量实现了快速增长

低渗透油气藏的成功开发，为长庆奠定了百万吨的发展基础；特低渗透油气藏的有效开发，使长庆油田成为千万吨级大油田；超低渗透油藏的规模开发为实现 5000×10^4t 发展目标开辟了新的战场。

2. 经济效益显著

“十五”以来主营业务收入呈稳步上升趋势（图 14）。

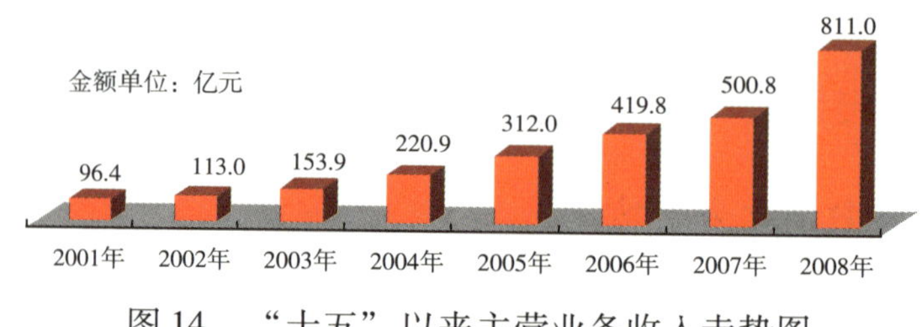

图 14 “十五”以来主营业务收入走势图

（二）低渗透油气藏勘探开发技术展望

长庆油田2009年油气当量突破3000×10^4t，2015年实现5000×10^4t。围绕5000×10^4t规划的宏伟目标，长庆油田加大科技攻关力度，大力推进“1277”科技创新工程，切实提高勘探开发的技术含量，力争在探索低渗油气藏勘探开发技术上取得新成果，从而提高低渗透油气藏的开发水平。

12项关键技术：复杂地貌地震采集与处理技术，地震薄层砂体有效气层预测技术，油气层测井快速评价与产能预测技术，超前注水关键技术，裂缝认识与描述新技术，多层系开采技术，分支井开发技术，低成本、低密度陶粒压裂技术，多级多缝压裂技术，水平井改造技术，井下直线电机技术研发，油气井带压作业。

7项配套技术：低渗砂岩气藏经济有效开发技术，超低渗储层经济有效开发技术，数字化生产控制管理技术，低丰度、高含烃致密的大中型油气田储集条件研究，低渗透岩性油气藏富集规律研究，海相碳酸盐岩天然气勘探技术，低渗油气田开发稳产配套技术及提高采收率研究。

7项开发试验：苏里格气田井网加密试验，长10低渗储层开发试验，大跨度多层分支井开发试验，中高含水期裂缝性油藏深部调驱试验，提高采收率试验，低渗气田增压开发试验，新型采油举升方式试验。

五、结语

长庆油田历经多年的探索实践、创新进取，形成了具有长庆特色的低渗透油气田开发技术系列，实现了油气储量、产量的快速增长，并取得了良好的经济效益和社会效益。但随着勘探开发程度的加深，油气田开发对象日趋复杂，面临的问题依然较多，我们愿以本次会议为契机，开展多方位的技术交流与合作，不断提高低渗透油气田开发技术水平，为中国石油建设综合性国际能源公司作出新贡献。

中国石化低渗气田开发进展及下步攻关方向

石兴春[1]　张秉铭　李广月

摘要：本文主要以大牛地气田为例，重点介绍中石化低渗气田的开发进展及下步攻关方向。主要阐述了中石化天然气开发的概况、低渗气田的地质特征和开发的配套技术。对低渗气田大量的未动用探明储量进一步开发存在的技术难题和对策进行了分析，明确了低渗气田下步开发攻关方向。

关键词：低渗　开发　技术　难题

研讨会技术报告三

一、天然气概况

（一）资源概况

中石化登记天然气矿权区块334个，面积$96.5\times10^4km^2$，资源量占全国三次资评的31%，主要分布在鄂尔多斯盆地、四川盆

---

[1]作者简介：石兴春，1958年生，河北保定人，1982年毕业于华东石油学院石油地质专业，1991年中国人民大学企业管理硕士研究生毕业，2000年获石油大学博士学位，教授级高级经济师。从1982年开始，在玉门油田、吐哈油田主要从事油气田开发工作，长期负责油田开发和基层管理工作。现任中国石油化工集团公司油田勘探开发事业部副主任，主要从事天然气开发、销售管理和企业管理工作。

地和渤海湾盆地。目前已获探明储量 $1.69\times10^{12}m^3$，其中气层气探明储量占79%，溶解气探明储量占21%。气层气是中石化储量的主体，在碎屑岩、碳酸盐岩和火山岩三大岩系中均有分布，其中碎屑岩中分布占63%，碳酸盐岩中分布占34%，火山岩中分布占3%。中石化气层气探明储量以低渗为主，主要分布在鄂尔多斯盆地和四川盆地。

（二）开发现状

近几年针对中石化低渗气田单井产量低、储层非均质性强、处于经济开发边际的难点，开展了大量的开发先导性试验工作，通过大型压裂、水平井等技术的应用，提高了单井产量，使低渗气田得到有效开发，天然气开发总体呈现出良好的态势。

1. 储量持续增长，储采比逐年提高，资源基础得到加强

2008 年底气层气累计探明储量是 1998 年中国石化重组时的 6.7 倍，探明储采比由 37 上升到 89。

2. 天然气产量稳步增长

1998 年中石化重组时天然气年产量 $35\times10^8m^3$，而 2008 年天然气年产量 $83\times10^8m^3$，是 1998 年的 2 倍多，10 年间天然气产量保持稳步增长（图 1）。

3. 低渗气田成为开发主力

截至 2008 年，中石化共有 95 个气藏进行开发，气井共计 2875 口，平均单井产量为 $0.95\times10^4m^3/d$，气层气年产量 $69.5\times10^8m^3$。其中低渗气田年产量 $46\times10^8m^3$，占66.19%，主要分布在

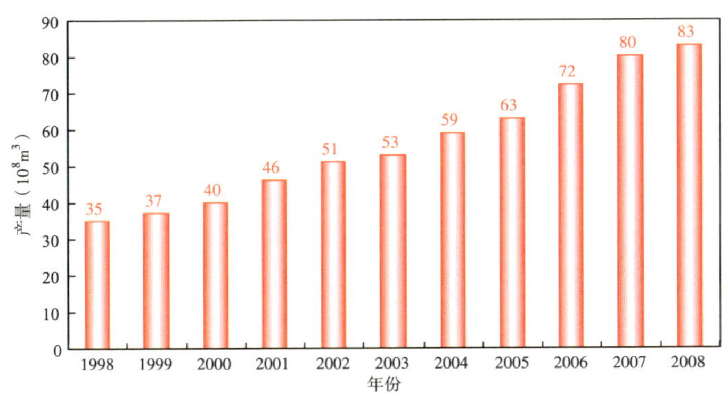

图 1　中石化天然气产量增长图

鄂尔多斯盆地的大牛地气田和四川盆地的川西浅层气田。

二、中石化低渗气田开发进展

（一）地质特点及气藏特征

大牛地气田位于鄂尔多斯盆地伊陕斜坡北部东段。目的层为上古生界石炭系太原组、二叠系山西组和下石盒子组。开发层位由下至上发育海相、海陆过渡相和陆相三大沉积体系，其中石炭系太原组为障壁砂坝的滨海沉积，山西组为三角洲平原分流河道沉积，下石盒子组为辫状河流相沉积（图 2）。

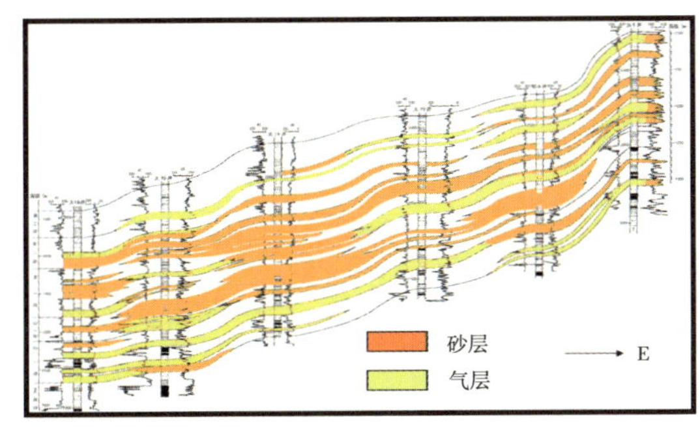

图 2　大牛地气藏剖面图

气田储层物性差、非均质性强、砂体规模小、连片性差，直井基本无自然产能，均需压裂投产，属低渗致密边际气田。具有典型的“四低”特征，即低压、低渗、低产、低储量丰度。压力系数为0.8～1.0，渗透率为0.4～0.95mD，孔隙度为4%～10%，储量丰度平均为$2\times10^8m^3/km^2$，压裂后单井平均产量$0.9\times10^4m^3/d$。

（二）低渗气田探井生产概况

低渗气田探明初期，由于储层非均质性强，储层和含气性预测难度较大，工程工艺技术不配套，单井产量偏低，无法有效开发。大牛地气田在开发之前，持续勘探近30年，2001年之前，有勘探井26口，单井平均无阻流量$3.63\times10^4m^3/d$，单井平均产量只有$0.34\times10^4m^3/d$（表1）。

表1　大牛地气田勘探阶段产能统计表

阶段	时间	井数（口）	平均无阻流量（10^3m^3）	平均产量（10^3m^3）	产能（10^8m^3）	产气量（$10^8m^3/a$）
勘探阶段	2001年之前	26	3.63	0.34	0	0

（三）积极开展先导试验，为规模开发做准备

大牛地气田2003—2004年开展了先导性开发试验，利用8口老井，新钻10口新井，部署两个小井距井组，1口水平井，同时新建2个集气站，新建一条138km的外输管线。开展了地质评价、三维储层预测、井网井距、钻完井工程、压裂增产、水平井提高单井产能、排水采气、水合物防治、地面集输等试验。通过试验确定了开发层位和可动用储量，并形成了一套较成熟的开发地质评价、三维地震储层预测、钻完井工艺、采气工艺、地面集输工

艺等技术，为规模开发提供了依据。

（四）初步形成低渗气田的开发配套技术

通过先导试验及后期开发中的不断优化，初步形成了低渗气田的开发配套技术，主要有以下几个方面。

1. 储层及含气性预测技术

主要形成了相控储层预测技术和以电阻率反演为主的含气性预测技术，有效地预测了天然气富集区带，为开发部署提供了可靠依据。

1）相控储层预测技术

主要进行沉积相、测井相和地震相三者相关性的研究，首先通过沉积相研究，明确有利的沉积微相类型，再根据测井资料及岩心分析，识别出有利的测井相，最后通精细的钻井层位标定，在三维地震中识别出有利的反射结构特征，从而有效地预测出有利富集区（图 3、图 4、图 5、图 6）。

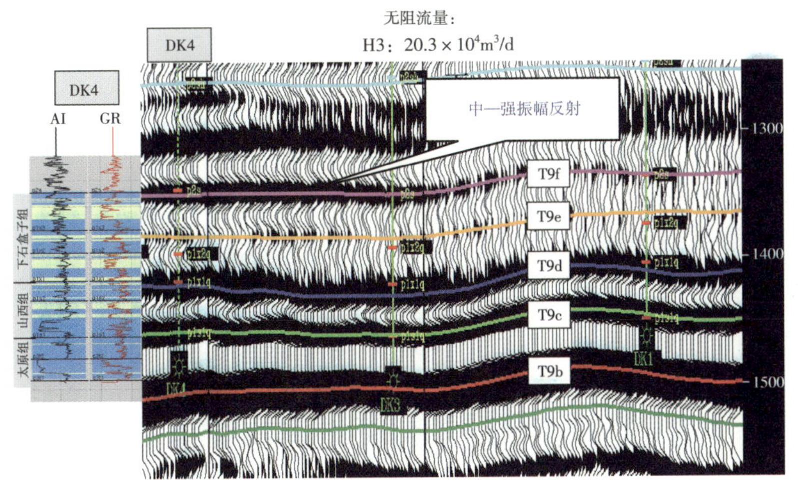

图 3　过 DK4 井三维地震剖面图

研讨会技术报告三

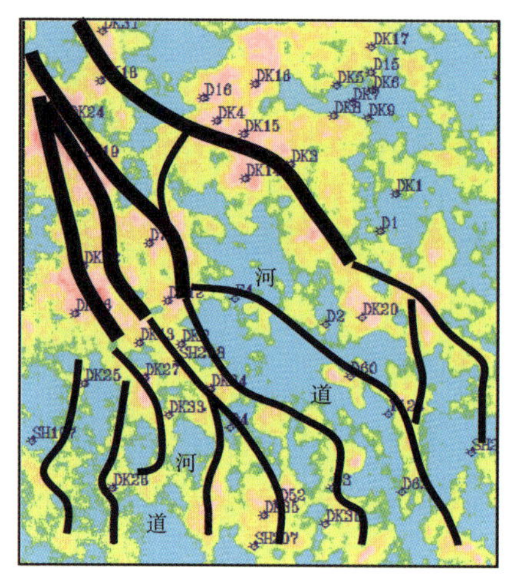

图 4　地震预测盒 3 河道砂体分布

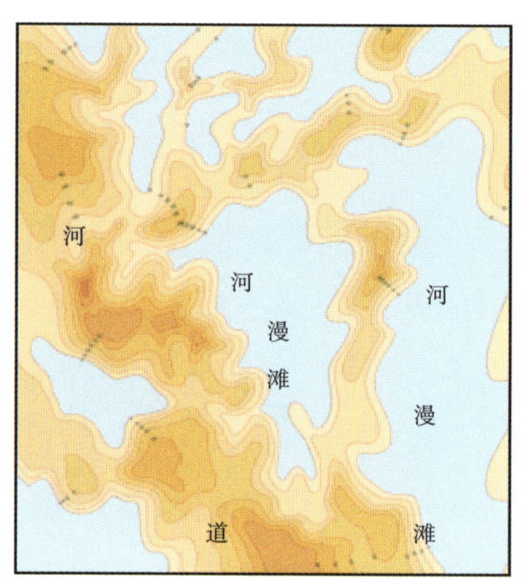

图 5　盒 3 段沉积相分布图

2）含气性预测技术

大牛地气田盒 3、盒 2 和山 1 段储层中，电阻率是气田含气性的重要参数，通过实钻井统计，高产气层电阻率一般都大于 100 Ω · m。针对这一特点，形成电阻率综合反演的含气性预测技术。此技术有效的揭示出沿辫状河道分布的含气有利区。在储层和含气性预测有利区内已部署开发井近 400 口，成功率达 96% 以上。

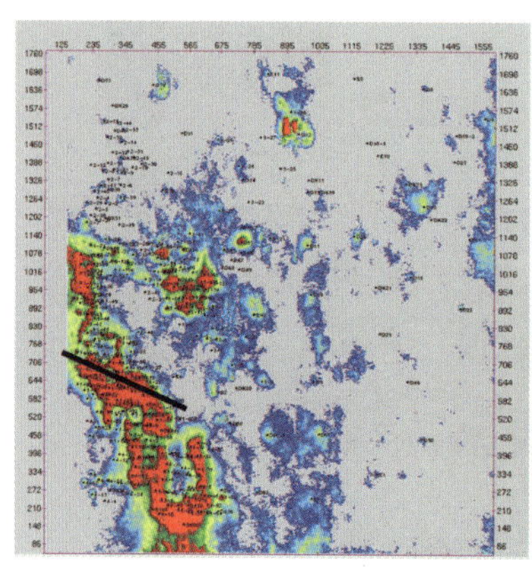

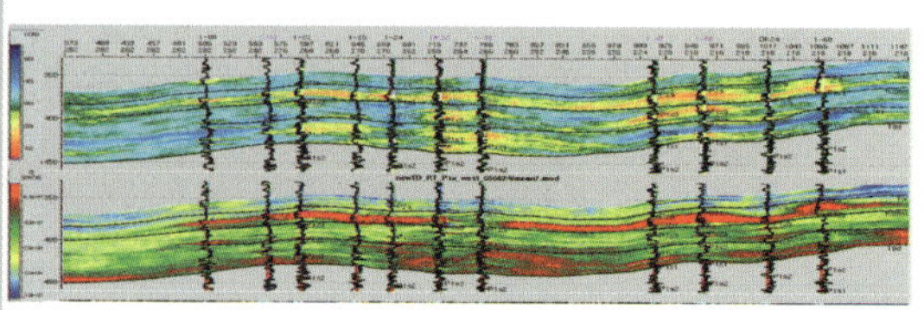

图 6　大牛地气田盒 3 段储层电阻率反演示意图

2. 大规模压裂增产技术

针对低渗气田单井产量低，开展了大规模压裂试验，大幅度地提高了单井产量，使原本不具经济开发的低渗气田，可有效动用，形成了大规模压裂增产技术。

大牛地气田平均加砂量从原来 $35m^3$ 增加到 $65m^3$，最大加砂规模达到 $151m^3$，压后平均单井产量从 $0.3\times10^4m^3/d$ 增加到 $1\times10^4m^3/d$，为大牛地气田的开发创造了条件。

3. 分层压裂，合层开采技术

针对气田纵向多套气层叠置发育的特点，逐步攻关完善多层压裂等配套技术，提高了单井产量和储量动用程度，有效地提高了低渗难动用储量的动用程度。

4. 水平井技术

水平井技术是当前提高单井产量的主导技术，在大牛地气田开展了先导实验和应用，开钻 20 口，投产 9 口，产量是直井的 2～4 倍，初步形成水平井开发低渗气田的技术。

大牛地气田目前已有 9 口水平井投产，平均单井产量 $2.52\times10^4m^3/d$，第一口水平井为 DF2 井，2008 年投产，目前产量 $4\times10^4m^3/d$，首次实现大牛地气田不压裂投产。

同时还开展了水平井的压裂技术试验，DP1 井为 2003 年 5 月完井，裸眼不压裂投产，产量 $3000m^3/d$，并且不能连续生产，2008 年 7 月在该井进行了裸眼喷砂射孔、分段压裂试验，压裂后日产气 $3.8\times10^4m^3/d$，使该井死而复生，充分展示水平井压裂技术在低渗气田广阔的应用前景。

5. 地面工程工艺优化技术

在低渗气田开发中，不断对地面工程工艺技术进行优化，一方面简化厂站设施，优化地面流程，另一方面减少投资，降低运行风险。大牛地气田在规模开发后，对井口集气工艺和集气站工艺进行了大量的优化，提高的地面集输的效果，降低了投资，取得了较好的效果（表2）。

表2　大牛地气田地面集输优化效果统计表

<table>
<tr><th colspan="2">项目</th><th>原工艺</th><th>改进工艺</th><th>效果</th></tr>
<tr><td colspan="2" rowspan="2">井口集气工艺</td><td>井口加热集输工艺</td><td>改用井口不加热节流高压进站</td><td rowspan="2">简化井声集气工艺，减少集气站数量，投资减少</td></tr>
<tr><td>采气管线采用 φ76mm × 6.0mm，设计压力6.3MPa</td><td>改用 φ48mm × 5.0mm，设计压力23MPa</td></tr>
<tr><td rowspan="6">集气站工艺</td><td>加热系统</td><td>采用真空加热炉，一台加热4口井</td><td>改用气控负压水套炉，一台加热8口井</td><td>提高了水套炉的热效率，降低了能耗</td></tr>
<tr><td>计量系统</td><td>采用旋进漩涡流量计</td><td>改用孔板流量计</td><td>数据更准确，操作更简便</td></tr>
<tr><td rowspan="2">注醇系统</td><td>抑制剂为乙二醇</td><td>抑制剂改为甲醇</td><td>解堵效果好、降低了价格，减少了投资</td></tr>
<tr><td>注醇泵采用柱塞泵</td><td>注醇泵采用隔膜泵</td><td>实现甲醇的零泄漏</td></tr>
<tr><td>气液分离系统</td><td>采用重力式分离器</td><td>生产分离器后增加了旋流分离器</td><td>提高气液分离的效率和分离效果</td></tr>
</table>

（五）低渗边际气田得到有效开发

针对低渗气田的特点，通过地质、三维储层预测和工程工艺技术的攻关，形成的一套低渗气田的开发技术，使低渗边际气田得到了有效开发。

大牛地气田2003—2004年进行开发先导性试验，2005年规模开发，截至2008年共建成天然气产能$23\times10^8m^3/a$，产量达$19.2\times10^8m^3$（图7）。气田从2006年开始盈利，实现了大牛地气田的有效开发。

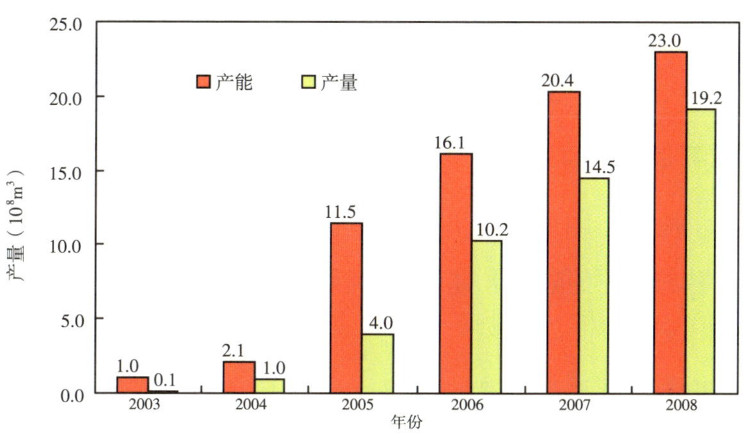

图7　大牛地气田历年产能产量图

三、面临的技术难题及攻关方向

尽管低渗气田开发取得了突破，但低渗气田总体储量动用程度较低，相对较好的储量动用后，剩下相对差的储量更难动用，其特点表现为：储层非均质性强（透镜状分布为主）、气层薄（平均5m左右）、单井产量低（小于$5000m^3/d$）。

从大牛地气田的天然气探明储量动用情况来看，近期难动用储

量还有2000多亿立方米，要动用这部分储量，还存许多技术难题。

（一）技术难题

（1）在高产富集区储量动用后，如何在储量品质更差的探明未动用储量区内寻找出相对高产富集区，是首要的技术难题。

（2）如何提高未动用储量区内单井产量，是未动用储量区开发的关键性难题。

（3）未动用储量区开发如何实现降本增效。

（二）技术对策

1. 加强未动用储量区沉积微相研究及三维地震预测，寻找相对高产富集层及富集区

1）加强未动用储量区沉积微相研究

开展精细沉积微相研究，寻找新的相对高产层和相对高产富集区。

2）加强三维地震预测

针对未动用储量区的地质特点和三维地震资料的品质，主要是加强三维地震资料提高分辨率处理解释，同时开展高精度三维地质采集、井间地震、二维高分辨率地震采集等试验。在与地质紧密结合的基础上，进行单砂体、单河道的精细储层预测及含气性预测，寻找相对高产富集区。

2. 进一步优化直井压裂工艺，加强储层保护，大力开展水平井试验，努力提高单井产量

1）进一步优化直井压裂技术

继续深化大型压裂技术研究，提高单井控制储量和产量；引

进与攻关相结合，加快连续油管压裂工艺技术的试验；攻关分层压裂、合层开采技术；加强重复压裂改造技术研究。

2）加强储层保护

从钻完井液、压裂液等入井液着手，加强全过程的储层保护研究。

3）大力开展水平井技术试验

以提高气井控制储量和增加泄气面积为目标，积极引进、大力攻关水平井、多分支井等复杂结构井钻井技术。

3. 加强管理，优化方案，简化工艺，努力降低投资和成本

1）进一步优化方案设计

方案的节约是最大的节约，一口开发井少则上百万元，多则上千万元，井位部署一定要优化，力争少打井、多产气。同时，气田开发一定要在提高钻井成功率上下功夫。

2）进一步简化工艺

对钻完井、压裂、采气和地面等工程工艺，进一步优化和简化，尽可能降低投资。

3）生产管理

加强生产管理，降低操作成本。

四、结语

2008 年底中石化天然气探明储量累计 $1.69\times10^{12}m^3$，天然气年产量 $83\times10^8m^3$，天然气开发呈现储量持续增长、储采比逐年提高、产量逐年增长的良好态势，低渗气田已成为中石化天然气开发的主力，并且实现了盈利。

中石油低渗透油田开发配套技术的应用和展望

何江川[1]　董伟宏　巢　越

研讨会技术报告四

摘要: 近年来，国内低渗透油田产能建设所占比例愈来愈大，其产量所占的比例也在快速上升，地位越来越重要。本文在总结中石油低渗透油田开发概况基础上，系统分析了目前在中石油成功应用的低渗透油田开发配套技术，同时对下步技术攻关方向进行了预测和展望。这对中石油、乃至全国低渗透油田的有效开发具有重要的指导和示范意义。

关键词: 中石油　低渗透　开发配套技术　应用

随着油气勘探对象日渐向“低、深、难”的转变，油气开采亦面临着各方面的严峻挑战，特别是低渗透（致密）油气田，面临着有效开发技术和经济效益的制约。这一领域受到了石油地质学家和油藏工程师的高度关注，经过艰苦而漫长的探索和努力，目前已形成了以长庆油田为代表的先进的、具有中国特色和自主知识产权的低渗透油气勘探开发技术系列，成功地开发了安塞油田和苏里格气田，技术达到世界先进水平。

[1]作者简介：何江川，男，1965 年 10 月生，1995 年毕业于西南石油学院，获博士学位，现为中国石油天然气股份有限公司勘探与生产公司副总经理，主要从事石油生产管理和研究工作。

近些年来，低渗透油田已成了国内原油产能建设的主战场，其产量所占的比例逐年上升，地位越来越重要。本文在总结中国石油天然气股份有限公司（以下简称中石油）低渗透油田开发概况基础上，分析、梳理了目前在中石油成功应用的低渗透油田开发配套技术，同时对下步技术攻关方向进行了预测和展望。这对中石油、乃至全国低渗透油田的高效开发具有重要的指导和示范意义。同时，在低油价下，对确保油公司上游业务的总体经济效益，提升企业价值，也具有重要的现实意义。

一、中石油低渗透油田开发基本情况

（一）资源状况

在地质资源方面，截至2008年，中石油累计探明地质储量183×10^8t，其中累计探明低渗透地质储量占44%，为80×10^8t；剩余资源量447×10^8t，其中低渗透剩余资源量占63%，为280×10^8t；探明地质储量6.4×10^8t，其中探明低渗透地质储量占82%，为5.3×10^8t；探明可采储量1.26×10^8t，其中探明低渗透可采储量占83%，为1.05×10^8t；累计产油34.5×10^8t，其中低渗透油田累计产油占12%，为4.25×10^8t；2008年原油产量10825×10^4t，其中低渗透油田产油占34%，为3665×10^4t。

在开发资源方面，中石油已大规模建成一批低渗透油田，主要分布在大庆外围、吉林油田、长庆油田、吐哈油田和新疆油田。其中，长庆产量达到1300×10^4t以上、大庆外围500×10^4t以上、吉林600×10^4t以上、吐哈200×10^4t。“十一五”前三年先后整体开发建成了姬塬等7个50×10^4t以上整装低渗透油田（表1）。

表 1　2006—2008 年重点产能建设项目

油田	姬塬	安塞	华庆	敖南	大情字井	靖安	西峰
产能（10^4t）	227	126	95	83	81	80	50

（二）低渗透油田开发的主要难点

低渗透油田通常意义上是指平均空气渗透率小于 50mD 的油田，储层微观孔隙结构的平均孔喉半径细、分选差、排驱压力高、开采较困难。目前中石油长庆、大庆、吉林低渗透油田的渗透率基本小于 10mD，属于特低、超低渗透油藏，天然能量补给缓慢、单井产量低、开采成本高。开发过程中存在以下难点：

1. 单井产量低，注水受效差

低渗透油田注水开发中普遍存在注水井吸水能力低，启动压力和注水压力高，而且随着注水时间的延长，矛盾加剧，甚至注不进水。采油井注水受效较差，低压、低产现象严重；油井见水后，产液指数和产油指数下降较快，造成产油量递减（图 1）。

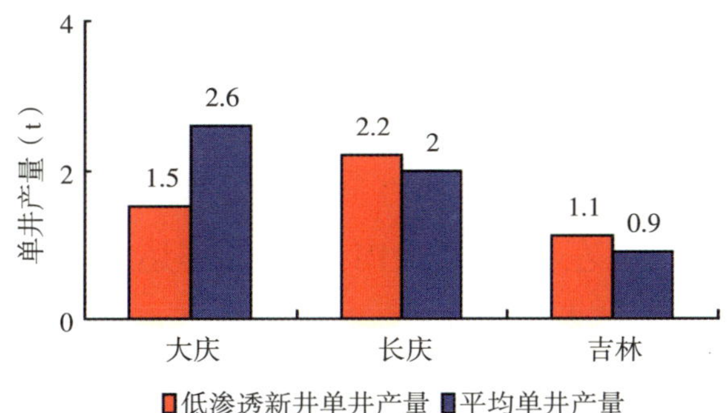

图 1　2008 年低渗透新井单井产量及平均单井产量图

2. 产量递减快、稳产难度大

从图 2 可以看出，从 20 世纪 80 年代大规模开展低渗透油藏勘探开发以来，开采对象的渗透率从 20mD 降至 1mD 以下，油藏开发初期年产量递减率从 2% 增加到 25%，可见低渗透油藏递减快，稳产困难。

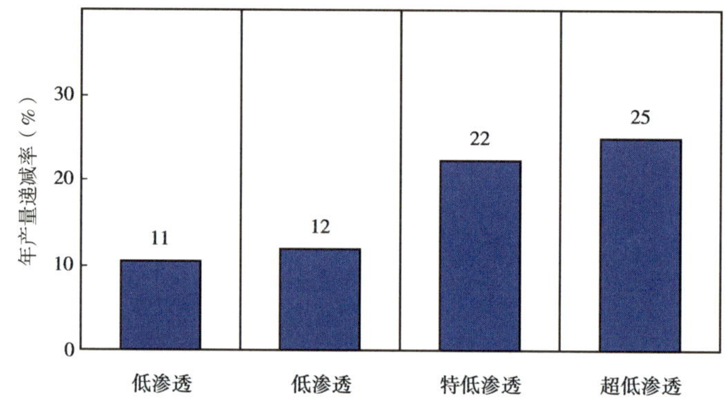

图 2　不同类型油藏开发初期年产量递减率对比

3. 开发成本高，低油价下效益差

从目前的生产建设情况看，低渗透油田建百万吨产能的投资在 35 亿元以上，长庆超低渗透油田建百万吨产能投资达到 40 亿元以上。以目前油价在 40 美元/桶评价，大庆外围、吉林产能建设项目内部收益率均低于 12%；长庆在 10% 左右；若油价上升 10 美元，将有 25% 左右的产能内部收益率达到 12%。表 2 对低渗透油田主要开发指标与中石油主要开发指标平均水平进行了对比。可以看出，低渗透油田单井产量、综合递减率、采收率、百万吨产能建设投资、内部收益率等开发指标都低于中石油平均水平。

表 2　低渗透油田开发主要指标对比表

项目	低渗透油田	中石油
单井产量（t）	1.5	2.5
综合递减率（%）	8～10	6.5
含水（%）	61.69	85.94
地质储量采油速度（%）	0.8	0.8
采收率（%）	18～20	33
百万吨产能建设投资（亿元）	＞35	30
建设项目内部收益率（%）	8	13

二、低渗透油田开发配套技术

20 世纪 70 年代以来，在大量的生产实践过程中，经过艰苦努力和技术创新，基本掌握了低渗透油田开采的特点和规律。通过采取有针对性的技术措施，不断挑战低渗透油田开发极限，提高油井产量、提高开采速度、提高采收率、降低开发成本，使低渗透成为中石油勘探开发重要的组成部分。随着技术进步，低渗透油藏动用储量下限不断降低（表 3）。

表 3　中石油已开发低渗透油田渗透率变化表

技术进步，动用储量下限不断降低	长庆	大庆、吉林
20 世纪 80 年代采用常规压裂技术	≥2.0mD	10～50mD
20 世纪 90 年代形成大规模压裂、井网优化技术	1.0～2.0mD	5.0～10mD
2000 年以来采用整体压裂、超前注水技术	0.5～1.0mD	1.0～5.0mD
目前，长庆正攻关完善超低渗透开发技术，大庆、吉林展注 CO_2 等新技术攻关	0.3mD	1mD 以下

2004年以来，中石油在上游发展战略中实施重大开发试验是的这一重要举措，围绕低渗透油田开发在重大项目主要有5项，包括长庆0.3mD超低渗透储层开发试验，低渗透油田CO_2驱提高采收率开发试验，吐哈三塘湖超前注水开发试验及工业化推广，大庆外围特低渗透扶杨油层开发工业化试验，吉林低渗储层提高单井产量技术攻关试验。

通过多年的探索和努力，中石油逐步形成了富集区筛选评价技术、油藏精细描述及地质建模技术等7项低渗透油田开发配套技术。

（一）富集区筛选评价技术

富集区筛选评价技术是综合地震、测井、钻井等资料，利用薄互储层预测、流体识别和天然裂缝识别等预测技术，通过落实油藏的构造和断层，对储层进行横向预测，深化富集区成藏规律认识，实现优选、评价富集区的目的。

（二）油藏精细描述及地质建模技术

油藏精细描述包括储层精细对比及构造特征研究、储层沉积特征及沉积微相研究、测井储层综合地质评价技术、岩石物理相及流动单元划分技术；地质建模包括对油藏各种特征进行空间定量描述和预测，准确把握地下油藏构造形态、储层分布、物性变化和其非均质性，以及流体的分布等；渗流模型要考虑低渗透的非达西渗流特征。油藏精细描述及地质建模技术是综合多种资料的高精度定量储层地质建模技术（图3）。

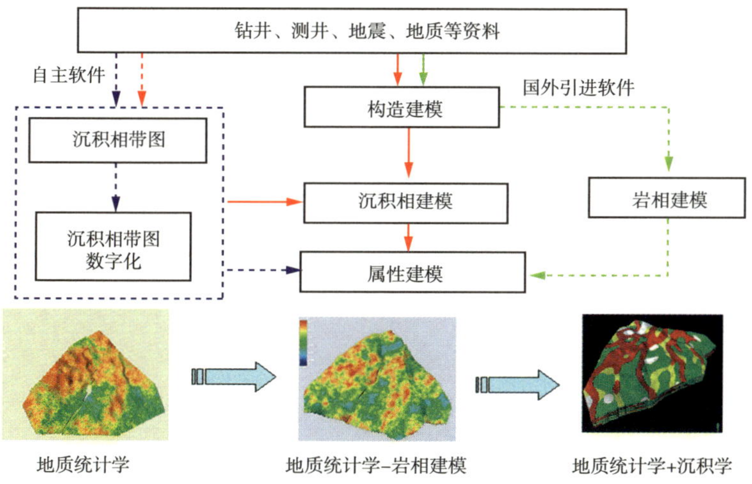

图 3　油藏精细描述及地质建模技术的技术路线图

（三）井网优化技术

为解决低渗油藏方向性见水、水窜水淹，注水困难，难以建立有效压力驱动系统等问题，要对开发井网不断优化。井网优化技术一方面从布井方式上优化井网，拉大水井与角井的距离，避免角井过早水淹，缩小排距建立有效的压力驱动体系，促使井网型式从正方形转变成菱形或矩形（图 4）；另一方面，根据不同储层特征优化井网，裂缝特征、渗透率不同的油藏采用的井距也不同（表 4）。

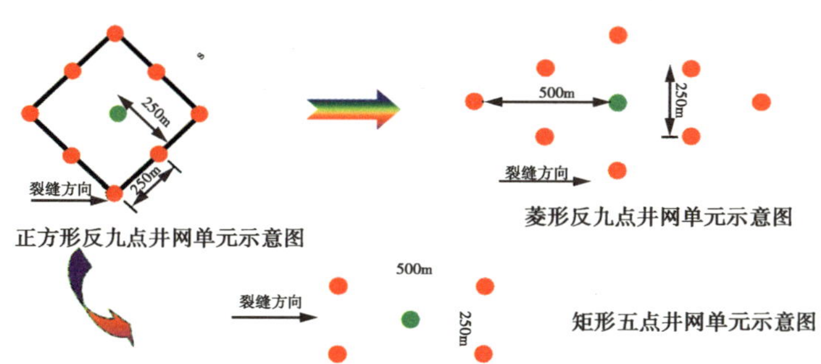

图 4　井网形式的优化

表4　低渗透油藏井排距优化结果表　（单位：m）

基质特征	裂缝特征	无裂缝	微裂缝	小裂缝	中大裂缝
	井距/排距	井距＝排距	井距＝2～3排距	井距＝3～4排距	井距＝4～5排距
超低渗透	排距		100～200	100～120	100～120
	井距		240～360	360～480	480～600
特低渗透	排距	150	120～150	120～150	120～150
	井距	150	300～450	450～600	600～750
一般低渗透	井距	200	400～600	600～800	800～1000

（四）超前注水技术

针对低渗透油层具有启动压力梯度、压力敏感性等特点，实施超前注水。超前注水技术需要把握超前注水时机，合理制定注水速度、注采比。实践证明，在掌握好注水时机、注水速度等要素的前提下，超前注水较同步注水、滞后注水对提高低渗透油藏采收率更有效（图5）。

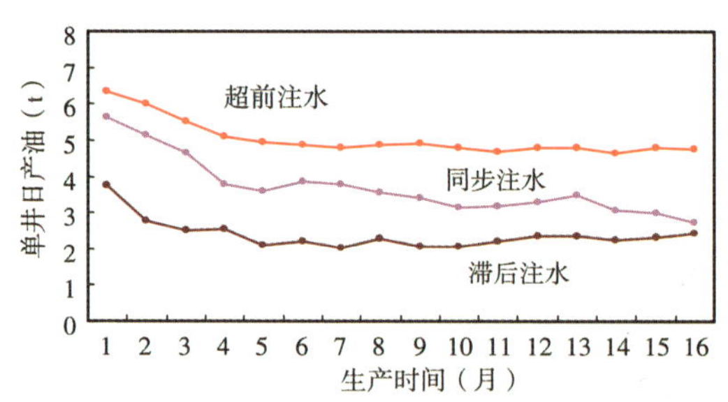

图5　长庆白马中区超前、同步、滞后注水对比效果图

（五）整体优化压裂技术

在优化设计技术方面，针对低渗透油藏重点发展了区块整体优化

设计、裂缝系统与开发井网系统的优化匹配、压裂新技术的集成应用。

随着压裂技术不断发展，压裂优化设计从二维（BJ/WEST/MO）设计发展到拟三维（STIMPLAN）、全三维（FracPro－PT）设计；技术更新换代的速度逐步加快，对水力裂缝作用的发挥越来越充分，对低渗透油田开发效果的提升作用也日益明显（图6）。

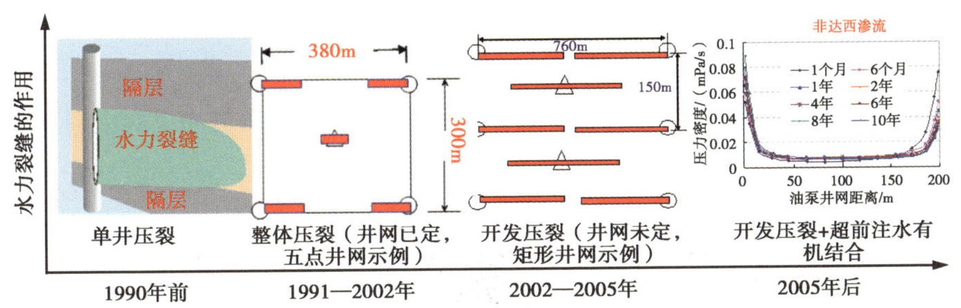

图6　压裂技术发展示意图

同时，加强了新型压裂液的研制，为适应低渗透储层改造的需要，研发了不同类型压裂液（表5）。

表5　不同类型压裂液性能表

压裂酸化材料系列		主要优点	主要性能指标
低伤害压裂液	超低浓度羧甲基瓜胶	超低伤害	浓度下限0.15%
高温深井压裂酸化液	低浓度羧甲基瓜胶	耐高温、低伤害	183℃浓度0.55%
	加重压裂酸化液	降低井口压力	密度1.37g/cm^3
防水敏压裂液	CO_2泡沫压裂液	适合低压水敏层	泡沫质量30%～70%
	乳化压裂液	适合水敏层	油水比3:7～5:5，稳定性大于2h
深穿透酸液	地面交联酸	低滤失、低酸岩反应速度	黏度大于100mPa·s
	TCA温控变黏酸	温度控制黏度，低滤失、深穿透及快返排	
高强度支撑剂	不同密度、不同粒径	破碎率低、导流能力高	破碎率小于18%

分层压裂技术也是整体优化压裂技术发展的一部分（图7）。分层压裂能够提高多薄储层的动用程度，这一技术已由一趟管柱可分压二三层，发展到可分压四层以上，主要包括保护薄隔层压裂技术、封隔器滑套分层压裂技术。大庆油田利用保护薄隔层压裂技术，现场应用318口井，解放油层厚度1911m，单井日增油9.75t，压裂隔层厚度由原来1.8m降到目前的0.4m，解放了大批因隔层厚度限制无法动用的油层；吉林油田利用封隔器滑套分层压裂技术，主要有单封隔器分层压裂工艺及封隔器滑套分层压裂技术。2000年以来，老井分层压裂8644次，累计增油116.3×10^4t。

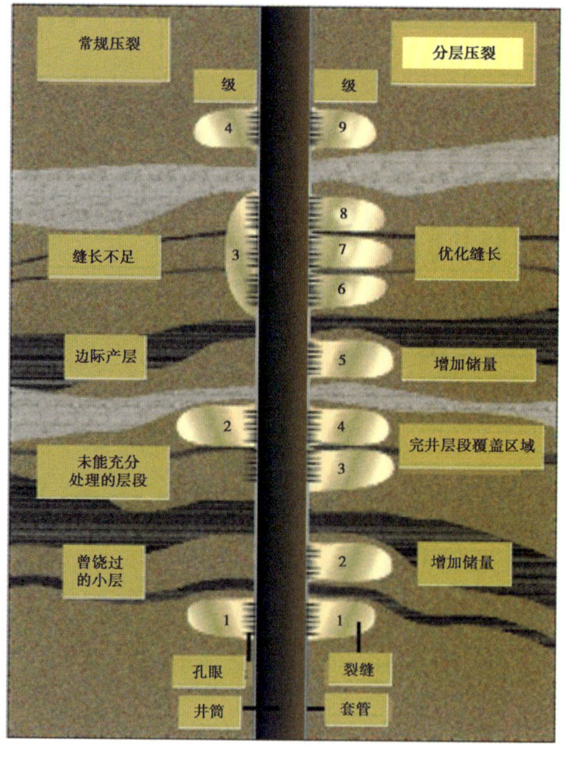

图7　分层压裂与常规压裂对比图

（六）地面工艺优化简化技术

根据低渗透开发特点，对地面工艺流程进行了优化简化。以二级布站为主，三级布站为辅，采用不加热集油、环状掺水、油气混输增压、功图法软件量油等工艺技术。例如：长庆发展了单井出油管线以不加热集油为主，站场布局及工艺流程为两级的布站方式：井口—阀组间→接转站→联合站，创建了“单、短、简、小、串”的地面建设模式；大庆外围、吉林采用“小环掺水”两级布站集输工艺模式：环串井→阀组间→接转站→联合站，掺水可利用原油脱出污水。

（七）降低开采成本技术

低渗透油藏开采过程中，已采用的丛式平台布井技术、小井眼钻井技术、捞油技术能有效降低开采成本，加快产能建设速度，提高开发效益。

目前丛式平台最多已布井 15 口，长庆、新疆等油区已采用这一技术。

小井眼井是指套管外径小于 5.5in，采用小型钻机施工，在井深 1000m 以内应用，可降低钻机作业费、固井工程材料及钻前工程费用，进一步完善各配套技术后，成本下降幅度仍有潜力（表 6）。

表 6　吉林小井眼井钻井成本降低幅度情况表

井深 （m）	小井眼完成井 （口）	降低成本 （万元）	降低幅度 （%）
500～900	21	112.16	12～16
900～1022	4	64.78	26.89

单井捞油的基本装备包括提捞工程车、快速卸油罐车、提捞泵等。采用捞油方式生产比常规抽油方式的生产成本可节约1/4以上，单井投入可比常规方式节约1/5以上。

以上低渗透油田开发配套技术的进步，促进了低渗透油田开发规模的不断扩大。近年来新增动用储量中，低渗透、特低渗透约占2/3。新建低渗透产能由2000年的285 $\times 10^4$t增加到2008年建成743 $\times 10^4$t，低渗透产能占总产能比例由2000年的29%增加到2008年的55%。2008年低渗透油田原油产量达到3655 $\times 10^4$t，比2000年增长90%，占总产量的比例达到34%（图8和图9）。

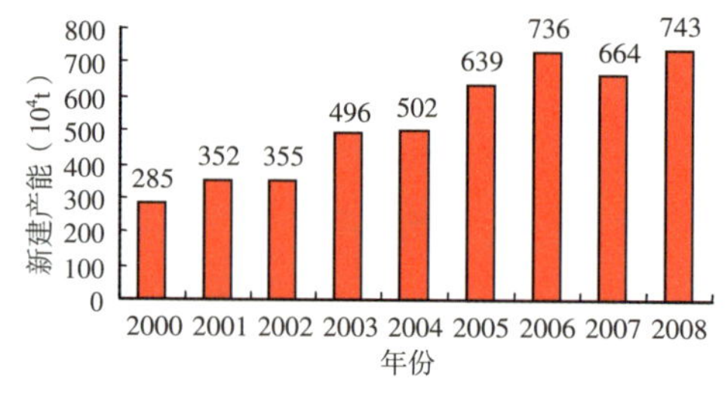

图8 中石油历年低渗新建产能变化图

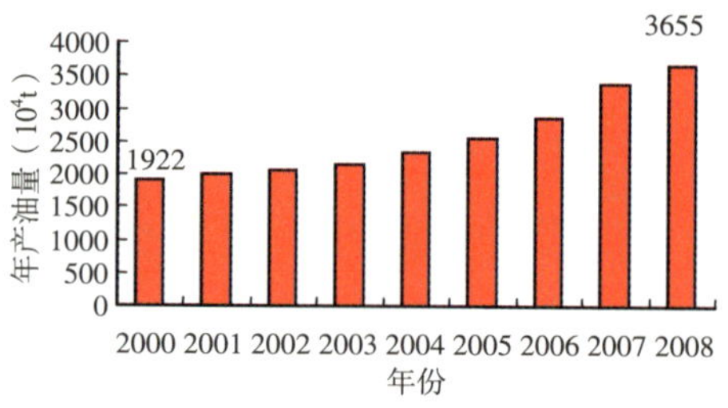

图9 中石油历年低渗透油田产量变化图

三、下步技术攻关方向

为满足2015年低渗透年产油5000 $\times 10^4$t的规划目标，需要进一步加大技术攻关力度，努力实现有效动用。主要从六个方面进行技术攻关。

（一）提高低渗油田注水开发效果配套技术

通过加强低渗透油田开发规律研究，深入剖析存在的主要问题，完善井网与裂缝的匹配、合理注采井距、注采参数调整等配套技术，实现三大目标：

（1）提高压力保持水平：通过超前注水及合理注采参数调整技术完善，降低储层压敏伤害，减少降压开采导致的产量快速递减。

（2）提高水驱波及体积：通过井网与裂缝合理匹配，避免含水沿裂缝突进，扩大波及。

（3）提高油井单井产能：适当缩小井距，保持较高的驱替压力梯度，改善流体动用程度和渗流状态，提高油井单井产能。

为提高低渗油田注水开发效果，需要在开发研制“活性水”技术方面进行攻关。在完善常规注水配套技术的基础上，开发研制“活性水”，可以克服常规注水存在的问题。一方面，活性剂水注入油藏后，能自发渗吸，水在毛管力作用下自动进入岩心，驱出残余油，提高驱油效率，减小注水过程中对低渗透储层的伤害，降低注入压力；另一方面，“活性水”注入后可添加润湿性反转驱油剂，增加流动性，延长采油井的稳产期（图 10）。

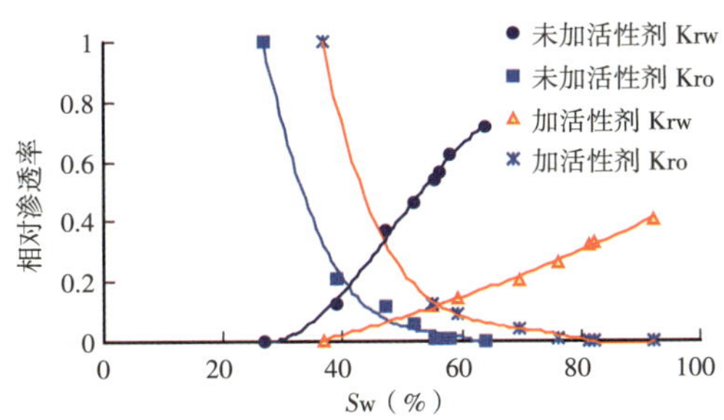

图 10　注入活性水的相渗曲线对比

（二）低渗透油田二氧化碳驱开发技术

深化低渗透二氧化碳驱技术研究与试验，形成低渗透油田二氧化碳驱开发主体配套技术；加强工业化推广，形成年产 100×10^4t 以上生产规模。为实现这一目标，具体需要对二氧化碳驱原

油混相条件及改善混相条件、油藏工程方案优化、注采工艺、动态监测、扩大波及体积、防腐、地面集输技术、开发利用中的HSE体系研发八项技术开展攻关。

（三）低渗透油田氮气、空气驱开发技术

深化低渗透氮气、空气驱技术研究与试验，形成低渗透油田氮气、空气驱开发配套技术，并加强其工业化应用。试验表明：与水驱相比，空气驱提高驱油效率23.8%；空气驱过程中氧气浓度小于2.37%。

这一技术的发展规划是：2009—2010年研究配套工艺技术，开展现场试验；2011—2015年编制开发方案，开展工业化应用。

（四）低渗透油田注蒸汽开发技术

深化低渗透注蒸汽驱开发技术研究与试验，形成低渗透油田注蒸汽驱开发配套技术。力争实现：2009—2010年研究配套工艺技术，开展现场试验；2011—2015年建成低渗透油田蒸汽驱井组100个，形成年产油50×10^4t以上规模。

（五）低渗透油田水平井压裂改造技术

水平井压裂工艺复杂，费用高，尤其是水平段多段压裂工艺技术，是目前的技术难点，水平井与直井联合井网优化、水平井与压裂方案优化、水平井井网优化、水平井注水保持能量等是今后重点关注的问题。目前已完成现场试验265口井，投产207口，平均压后稳定产量是直井的3.3倍以上，相当于近700口直井压裂的产量（图11）。

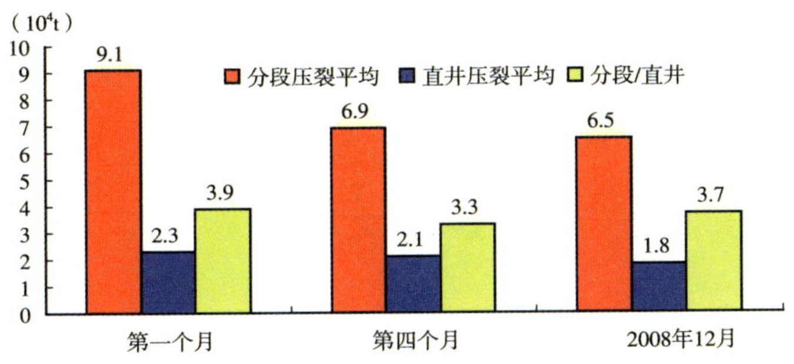

图 11　中石油水平井分段改造技术攻关阶段成果表

（六）地面标准化设计、模块化建设配套技术

标准化建设按照标准化设计、模块化建设、标准化预算和规模化采购四个环节组织。通过提高图纸复用率，模块统一提前规模预制，设备定型材料规模采购，实现了两提高、两降低。试点工程设计工期同比缩短 30%，建设周期同比缩短 10%，新井当年贡献率提高 5%，地面工程投资同比降低 5%。

四、结束语

通过多年的探索和努力，中石油已经初步形成了具有世界先进水平的低渗透开发配套技术。展望未来，低渗透将成为中国油气开发的主流。要开创低渗透油田高效开发的新局面，需要结合低渗透油田的具体情况，坚持不懈地攻关和探索实践，以及理论与技术的不断创新。

低渗透油田开发难度大，影响因素多，情况错综复杂，经济性是制约油田规模有效开发的关键因素。要掌握低渗透油田开采的特点规律，抓准影响低渗透油田开发效果的主要矛盾，有针对性地采取措施，形成配套技术，尽最大努力提高油井产量、提高

开采速度、提高采收率。要特别注意采用现代油藏经营管理方法，多学科协同，统筹规划、分步实施、适时调整，努力实现低渗透资源开发效益的最大化。

参考文献

[1] 李道品．低渗透砂岩油田开发［M］．北京，石油工业出版社，1997.

[2] 李道品．低渗透油田高效开发决策论［M］．北京，石油工业出版社，2003.

持续推动技术创新努力实现四川盆地低渗透气藏规模效益开发

李鹭光[1]

摘要: 四川盆地天然气藏具有整体低渗透的大背景，不同区域、不同层系的低渗透气藏特征差异较大，低渗透、有水、强非均质、多层组等复杂因素交织，制约了气藏的规模效益开发。复杂地质条件下储层预测和气藏描述、提高单井产量工艺改进与成本控制、低速非达西渗流机理作用下产能评价及动态分析、治水维护产能同动用低渗透储量对策优化，是四川盆地低渗透气藏开发的主要难点。通过持续攻关探索，依靠技术创新，西南油气田在低渗透气藏开发方面取得重大进展，形成了具针对性的气藏描述、气藏工程、钻井工程、增产工艺、排水采气、地面集输等六大系列23项特色技术。以此为重要支撑，西南油气田建成了我国第一个天然气工业基地，近年来实现了天然气产量快速增长，成为以生产天然气为主的1000×10^4t级大油气田。根据四川盆地低渗透气藏开发研究形成的技术系列，对解决我国不同类型低渗透气藏开发疑难问题具有广泛的借鉴作用。

关键词: 低渗透　气藏　开发　技术　创新　应用

四川盆地天然气资源丰富，开发历史悠久，四川先民曾经创

---

[1]作者简介：李鹭光，男，1962年3月出生，博士，现任中国石油川渝地区石油企业协调组组长，中国石油西南油气田公司总经理、党委副书记，四川石油管理局局长，教授级高级工程师，专业领域为陆上石油天然气钻井、油气田开发。

造了天然气开发利用的多项世界之最。然而，由于盆地内天然气藏具有整体低渗透的大背景，给规模效益开发带来巨大挑战。评价和优选有利目标区块、提高单井产量、认识开发动态复杂规律、制定科学合理的开发对策，是提升低渗透气藏开发效果的技术核心。紧密围绕技术难点，开展多学科、多专业协同攻关研究，持续推动技术创新，是引领技术和生产发展的关键。半个世纪以来，经过几代川渝石油人艰苦卓绝的奋斗，西南油气田在解决不同类型低渗透气藏开发难题方面形成了丰富技术积累，不但促进了天然气产量的持续较快增长，而且为进一步改善低渗透气藏开发效果奠定了基础。

一、四川盆地天然气藏开发简况

四川盆地可供勘探开发面积 $18\times10^4km^2$，沉积厚度 6000 ~ 12000m，广泛分布天然气藏。盆地内三叠系上统及以上地层为陆相沉积，普遍发育碎屑岩储层；三叠系中统及以下地层为海相沉积，普遍发育碳酸盐岩储层。目前已发现 20 个含油气层系，其中几乎所有层系都获工业气流，产油层系较少。

截至 2008 年底，西南油气田共发现气藏 274 个，建成气田 112 个，累积探明天然气储量 $11424.66\times10^8m^3$，累积生产天然气 $2850\times10^8m^3$。2008 年生产天然气 $148.3\times10^8m^3$，其中老气田石炭系气藏的产量贡献占 46%。近年来三叠系须家河组低渗透气藏、三叠系飞仙关组—二叠系长兴组高含硫气藏产能建设进展迅速。

技术创新促进天然气产量不断增长，西南油气田 1977 年迈上年产 $50\times10^8m^3$ 台阶，1994 年迈上年产 $70\times10^8m^3$ 台阶，2004 年率先建成我国年产超过 $100\times10^8m^3$ 的大气区，2006 年生产天然气

$131.3\times10^8m^3$ 而成为全国首个以生产天然气为主的 1000×10^4t 级大油气田。低渗透气藏开发技术的突破，是实现快速上产的重要原因。重组改制以来，西南油气田低渗透气藏产量贡献率一直维持在 57% ~60% （图 1），为保障天然气供给提供了重要支撑。

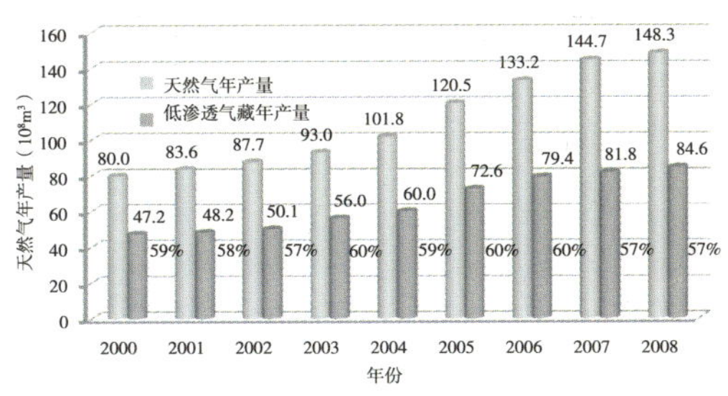

图 1　西南油气田低渗透气藏产量贡献情况

西南油气田天然气生产的发展并非一帆风顺，四川盆地天然气藏整体低渗透的大背景在客观上增加了气藏开发难度，带来一系列技术困难。参照目前执行的国内石油天然气行业标准 SY/T 6168—1995《气藏分类》，低渗透气藏有效渗透率介于 0.1 ~ 10mD、孔隙度介于 10% ~15%，致密气藏有效渗透率不大于 0.1mD、孔隙度不大于 10%。以此标准衡量，四川盆地仅罗家寨飞仙关组等极少数气藏为中高渗透气藏，其余的气藏均非常显著地表现出低渗透特征。例如，现阶段上产的主要层系须家河组碎屑岩储层岩心渗透率多低于 0.1mD，最小 0.0003mD，孔隙度多低于 10%，最小 2%；目前的主产层系石炭系碳酸盐岩储层岩心渗透率多低于 1mD，超过 60% 小于 0.01mD，孔隙度多在 2% ~6% 之间。即使回避四川盆地天然气藏孔隙度较低的因素，仅以行业标准给定的渗透率指标作为分类基准，盆地内中高渗透气藏也只局限在部分地区的三叠系飞仙关组，二叠系长兴组、茅口组、栖霞组，石炭系和震旦系的少数气藏；在此认识基础上进行统计分

析，资料显示四川盆地低渗透和致密气藏数量占60%，其累积探明储量占65%（图2）。因此，低渗透气藏规模效益开发始终是西南油气田的工作重点。

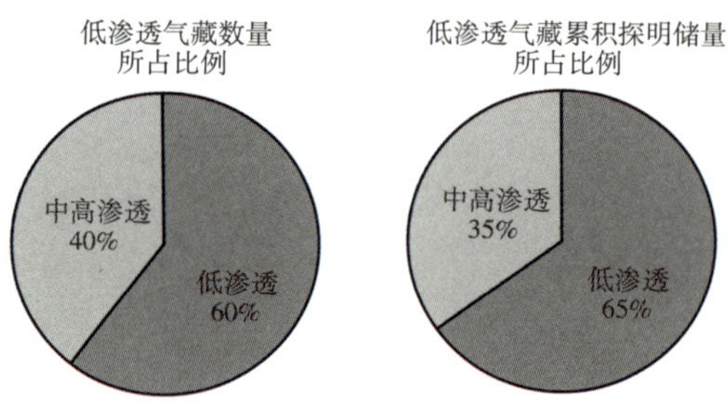

图2　西南油气田低渗透气藏所占比例

四川盆地不同地域、不同层系的低渗透气藏特征差异较大，川中须家河组碎屑岩气藏整体特低渗透，盆地东部石炭系气藏普遍存在低渗透区、部分气藏整体低渗透，川西须家河组碎屑岩气藏及蜀南地区嘉陵江组碳酸盐岩气藏基质普遍致密。这些实际情况必然决定了四川盆地低渗透气藏开发难题具有多样化的特殊性，无法采用统一技术模式解决。也正是由于这种原因，使得西南油气田在不同类型低渗透气藏开发方面形成了特色技术优势。

西南油气田在低渗透气藏开发方面经历了三个发展时期：20世纪50—70年代，以寻找构造圈闭中的高渗透带为主，对低渗透储量的动用处于任其自然的状态；20世纪80—90年代中期，注重构造圈闭气藏的整体优化开发，实施在相对高渗透区布井采低渗区气的对策，进入有意识加快低渗透储量动用的技术发展阶段；20世纪90年代后期至今，持续开展直接在低渗透区布井强化低渗透储量动用效果的技术攻关研究，并开始探索特低渗透岩性气藏的规模效益开发，已取得显著进展。

2005—2008年，西南油气田新增天然气探明储量中92%为低渗透气藏储量，川中须家河组上产，以石炭系气藏、磨溪气田等为代表的老气田稳产工程，势必对低渗透气藏开发技术发展提出了更高要求。

二、四川盆地低渗透气藏开发技术难点

四川盆地低渗透气藏地质特征复杂，类型多样，低渗透、有水、强非均质、多层组等因素交织，加之部分气藏高含硫，由此引发了低渗透气藏开发系列技术难题。

1. 开发技术难点的产生根源

四川盆地沉积层厚，沉积旋回多，具有早生烃晚成藏的特点，烃源岩进入过成熟演化阶段，导致以形成天然气藏为主，油藏较少。由于历经从晋宁运动至喜山运动的多期次地质事件改造，因此地腹构造破碎，受力强弱不均，储集层严重分散化、致密化，油气圈闭隐蔽性强，储层非均质性强，气水关系复杂，气藏类型多。盆地地形复杂、人口稠密，施工难度大、作业成本高。这些因素是制约四川盆地天然气藏规模效益开发的主要原因。

进一步针对四川盆地低渗透气藏开发技术难点进行分析，其产生根源主要集中在三个方面：低速非达西渗流机理、储层局部裂缝发育与普遍致密化之间的矛盾、地层水影响。

低渗透、致密储层含水饱和度高，孔隙喉道小，裂缝不发育，喉道处的水膜对气体渗流产生附加阻力。从微观上分析，仅当喉道两端形成一定压差（启动压差）后气体才能冲破水膜束缚而流动；从宏观角度看，需要一定压力梯度（临界压力梯度）克服水膜引起的附加阻力，气体才能保持连续流动；我们将这种低速非

达西渗流效应称为阈压渗流效应。阈压渗流效应与常规气水两相渗流的主要区别在于：前者存在小压差条件下气体不流动、小压力梯度条件下气体无法保持连续流动的现象，即使在相对大压力梯度、气体连续流动的状态下，地层水也并未形成连续流动相。经过20余年的追踪研究，通过岩心渗流实验和气井试井分析，已充分证实了阈压渗流效应的存在性，并已确认四川盆地低渗透气藏开发的诸多特殊现象是由阈压渗流效应引起的。

无论盆地内的碎屑岩气藏或碳酸盐岩气藏，储层非均质性均较为显著，除如同川中须家河组一样的特低渗透碎屑岩岩性气藏外，其余气藏通常都不同程度地存在裂缝相对发育区，气井产能受裂缝发育程度控制的作用明显，在局部裂缝发育区时常可获得中高产。这容易引起人们对气藏产能特征及开发规律性的误判，从而忽视裂缝系统储量丰度小的客观实际，影响对气藏低渗透本质的认识深化和低渗区开发对策的及时制定。事实上，各类气藏裂缝不发育区均普遍存在，低渗透区域气井控制范围小、产能低、稳产能力差、储量动用难，这些现象通常是影响气藏开发效果的更重要因素，也是开发难点的根源之一。

四川盆地天然气藏普遍含水，地层水影响天然气开发是极常见现象。2000年以来，从世界第一天然气井临邛火井，到首口超千米深井燊海井所在的自流井气田，都是以吸卤熬盐方式综合利用天然气，反映出四川盆地天然气藏采气与产水的共生关系。西南油气田50余年天然气开发历史，同样也是采气与治水的技术发展史。宏观裂缝、微细裂缝、显微裂缝搭配形成的地层裂缝系统，是气水渗流的主要通道，地层水沿裂缝系统侵入容易对基质和部分裂缝段的天然气形成水封，严重影响气井产能和气藏采收率，这已被多年气藏开发实践以及近10年来开展的大量气水渗流微观可视化实验所证实。实现低渗透气藏规模效益开发需要充分利用气藏的裂缝发育区，而地层水对生产的影响往往也集中体现在裂缝发育区，准确掌握气藏水侵和气井出水规律，提高治水工作的针对性，是一项复杂而艰巨的工作。

2. 开发技术难点的具体表现形式

1）储层预测和流体分布预测难

差中选优是低渗透气藏优化开发的基本对策，但四川盆地复杂地质条件导致储层预测和流体分布预测难度大。储层预测技术难点主要包括“砂包砂”多层碎屑岩储层预测、碳酸盐岩薄储层预测、碳酸盐岩超深储层预测、裂缝分布定量预测。流体分布预测的主要技术难点是高含水饱和度（低电阻率）储层地震流体分布预测和测井流体识别。

2）掌握低渗透气藏开发特殊规律难

传统气藏工程方法以达西渗流为基础，而低渗透气藏广泛存在阈压渗流效应，特低渗透、致密区块特殊渗流效应表现更为突出，需要建立专门的理论才能解决特殊渗流机理作用下产能评价、动态分析、改造效果预测、单井有效控制范围分析等问题。

3）气藏开发过程中治水难

四川盆地无论碎屑岩或碳酸盐岩气藏，地层水均普遍存在。水体分布形式多样化，有边水、底水、局部封存水、孔隙水、夹层水、邻层水等。治水技术难点包括地层水分布描述、水体能量大小判断、水侵动态预报和定量分析、针对性治水技术路线优化、排水采气工艺技术优选。

4）有效动用低渗透储量难

低渗透气藏通常包含裂缝相对发育、典型低渗透、特低渗透、

致密四类储层。在整体低渗透背景下，存在不同类别储量组合，分别对应于不同级别的动用难度。要实现不同类别低渗透储量的整体优化动用，技术难度大。

5）提高单井产量与降低成本兼顾难

四川盆地低渗透气藏提高单井产量的主要技术难点包括：在强非均质薄储层和高陡构造储层通过钻井轨迹控制提高有效储层钻遇率，多层合采气井高效分层压裂，非均质低渗透储层水平井分段压裂，强水敏致密储层压裂液优选和快速返排，高温深井延伸酸压改造有效作用范围，精细压裂预防人工裂缝沟通水层等。目前降低成本的主要技术难点集中体现在针对地层可钻性差、高研磨特征优快钻井，井下事故预防与处理，如长裸眼段井壁稳定、窄钻井密度安全窗口钻井，防恶性井漏等。

6）规模效益开发难

由于四川盆地低渗透气藏物性条件较差，微观阈压渗流效应产生宏观渗流屏障现象，表现出气井产能低、稳产能力差、受水影响大、低渗透储量动用难、采气速度低、开采规模受限的开发特征，因此需要密井网、特殊井型、增产改造工艺支撑。但受地面条件复杂、人口密度大、环保要求高、加密钻井和高新工艺投资大等因素制约，成本控制难，效益开采难。

三、低渗透气藏开发技术进步

西南油气田经过半个世纪的低渗透气藏开发实践，特别是近年围绕川中须家河组规模效益开发和石炭系稳产的技术攻关，攻克了制约低渗透气藏开发的多项关键难题，针对不同类型低渗透气藏开发疑难问题，形成了气藏描述、气藏工程、钻井工程、增产工艺、排水采气、地面集输 6 大系列 23 项配套特色技术，有力地促进了低渗透气藏开发效果的提升。

1. 气藏描述特色技术系列

包括低渗透储层微观描述、低渗透储层预测、精细气藏描述 3 项特色技术，解决储层微观特征描述（表 1）、储层分布预测与描述、气水分布特征描述、低渗透储层剩余储量分布描述、开发有利区评价与筛选、井位部署和工艺优化导向问题。

表 1　四川盆地低渗透储集层划分

储层级别	绝对渗透率（mD）	孔隙度（%）		中值喉道半径（μm）	排驱压力（MPa）	孔隙结构类型	孔隙类型		裂缝状况	备注
		碳酸盐岩	碎屑岩				碳酸盐岩	碎屑岩		
低渗	<10 ~ 0.1	<12 ~ 6	<12 ~ 6	<2 ~ 0.5	0.1 ~ 1	中孔小喉 小孔小喉	溶孔	粒间孔 溶孔	有裂缝	Ⅱ类
特低渗	<0.1 ~ 0.001	<6 ~ 2	<6 ~ 3	<0.5 ~ 0.05	1 ~ <0.5	微孔 小喉	粒间孔 晶间孔	粒间孔	裂缝少	Ⅲ类
致密	<0.001	<2	<3	<0.05	≥5	微孔 微喉	晶间孔	杂基孔	裂缝 不发育	Ⅲ Ⅳ

2. 气藏工程特色技术系列

包括特殊渗流机理实验分析、低渗透储层气井产能评价和动态分析、特殊井型产能评价和动态分析、低渗透气藏动态储量分析 4 项特色技术，解决低速非达西渗流特征评价与参数测定（图 3）、流体压力衰竭条件下储层应力敏感评价、存在阈压效应的气井产能评价和动态分析（图 4）、水平井和大斜度井产能评价和动态分析、低渗透储层气井控制半径和动态储量描述问题。

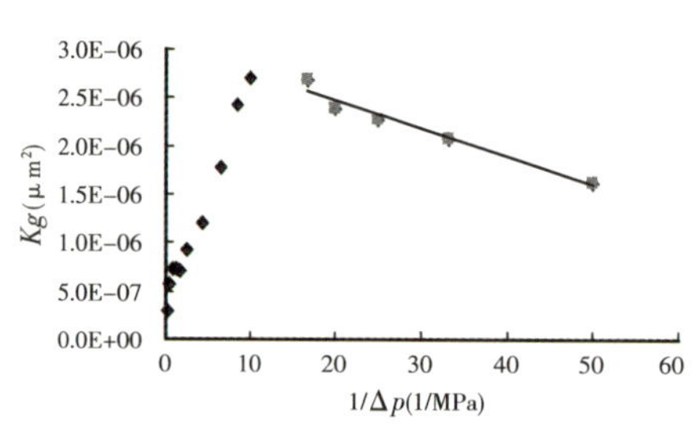

图 3　阈压渗流效应特征诊断图

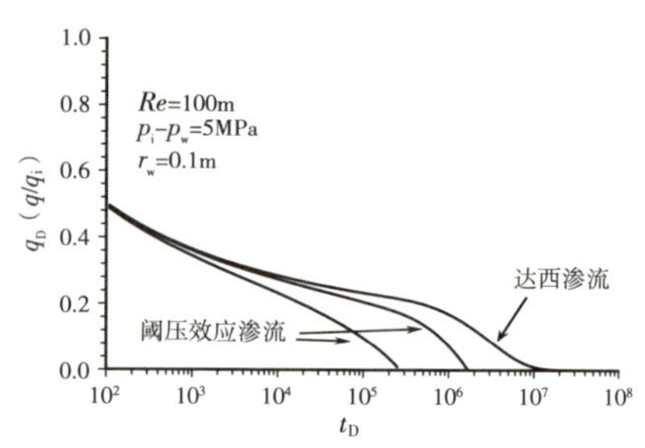

图 4　低渗透储层气井不稳定产能分析

3. 钻井工程特色技术系列

包括气体钻井、欠平衡钻完井、PDC 钻头选型及配套、水平井和大斜度钻井工艺、高效完井试油 5 项特色技术，解决复杂地层条件下防斜打快、强水敏性低渗储层保护、提高机械钻速、提高低渗透气藏单井产量、提高射孔试油效率等问题。这些技术已在西南油气田普及应用，取得很好的效果（图 5、图 6）。

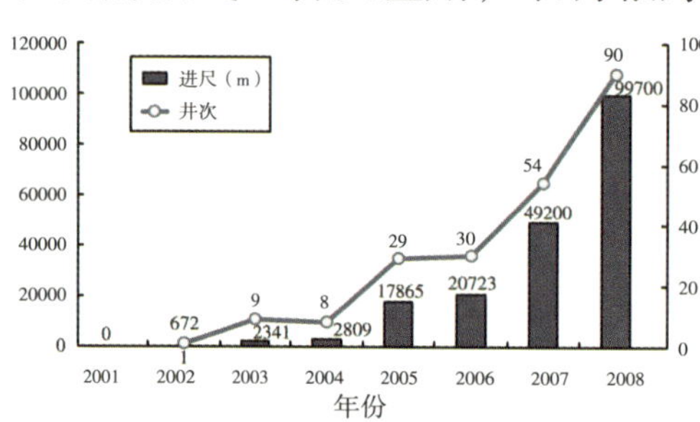

图 5　西南油气田气体钻井技术的应用

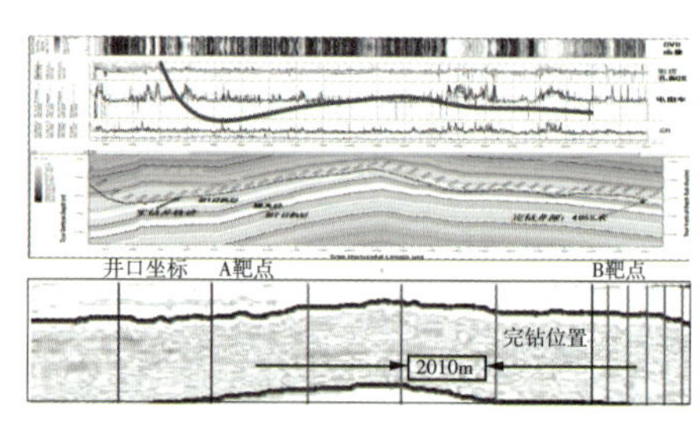

6　广安 002－H1 井 2010m 长度水平段轨迹示意图

4. 增产改造工艺特色技术系列

包括碳酸盐岩酸化（压）工艺、碎屑岩低渗透储层加砂压裂工艺、低伤害低摩阻胍胶压裂液与高温低伤害酸液体系 3 项特色技术，解决碳酸盐岩不同类型低渗透储层和不同井型酸化（压）改造、碎屑岩储层直井和水平井加砂压裂改造、降低低渗透储层改造施工压力并减小地层伤害问题。这些增产改造特色技术实用性强（图7、图8），为四川盆地低渗透气藏产量快速增长提供了重要支撑。

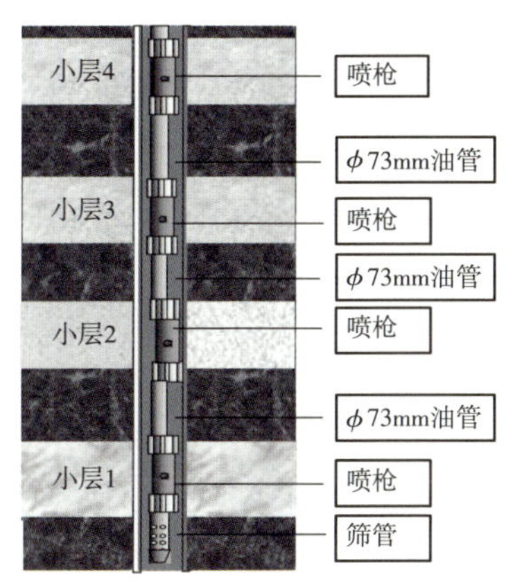

图7　不动管柱水力喷射分层压裂工艺

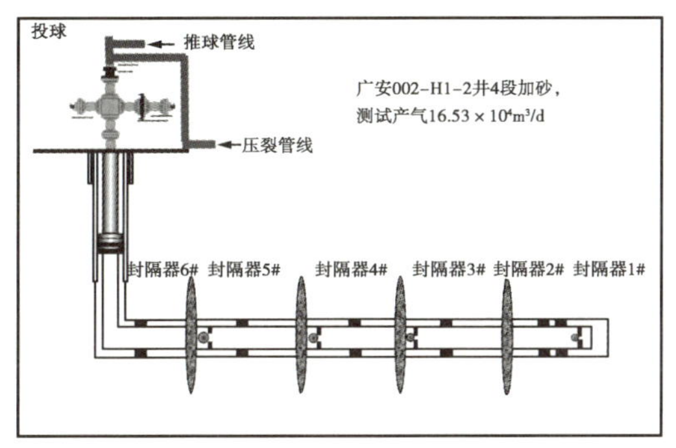

图8　广安002－H1－2井4段加砂压裂示意图

5. 排水采气特色技术系列

包括优选管柱、泡沫排水、气举、机抽、电潜泵、水力射流泵等6项已成熟技术，以及气体加速泵、油管压力操作阀气举、螺杆泵、球塞气举、连续油管、毛细管、衍生管7项正处于发展阶段的新技术，较好地解决了低渗透气藏高温深井排水和低压气井排水问题。

6. 地面集输优化简化特色技术系列

包括井下节流及节流后动态监测配套、地面集输和气田水处理回注系统优化简化2项特色技术，解决通过优化简化地面集输

和气田水处理回注系统工程减少投资、降低生产成本问题。

上述6大系列特色技术的形成和推广应用，使西南油气田低渗透气藏开发技术不断创新和进步，增强了提高单井产量技术对策的有效性，促进了低渗透气藏开发理念的提升，在此基础上实现了川中须家河组低渗透岩性气藏的规模效益开发，石炭系气藏低渗储量动用等老气田稳产工程取得重大进展，支撑了天然气产量快速增长。

四、面临的技术挑战及下步攻关方向

“十一五”末至“十二五”期间，西南油气田将以建设年产天然气 $300\times10^8m^3$ 的战略大气区和一流天然气工业基地为奋斗目标，围绕龙岗整体加快勘探开发攻坚战、须家河规模效益开发攻坚战、川东北高含硫气田安全清洁开发攻坚战以及老气田稳产工程重点开展工作。

要实现新的奋斗目标，即使在地层渗透性较好、产能较高的龙岗和川东北高含硫气田投产的情况下，仍需要低渗透气藏贡献超过50%的产量。自2005年以来，西南油气田新增天然气探明储量主要为低渗透气藏储量，年平均比例达92%，并且基本集中于开发难度较大的须家河组碎屑岩特低渗透气藏。由此对四川盆地低渗透气藏开发提出了更高技术要求。

面对艰巨任务，只有寻求新一轮技术突破和管理机制创新，才能打开四川盆地低渗透气藏开发的新局面。近期的技术发展主要包括有利区块评价优选、开发方式优化、提高单井产量三大方向，重点是针对复杂气藏地质特征发展完善储层预测和气藏描述技术，围绕低渗透气藏整体开发优化目标强化气藏工程技术的研发和应用，以进一步提高特色技术有效性和降低成本为核心创新和集成工艺技术。同时，为适应低渗透气藏开发客观规律性，建立与低渗透气藏单井产量相匹配的低效气田开发管理模式，逐步开放市场引入竞争机制降低钻完井作业及工程建设成本，提高低渗透气藏规模效益开发水平。

大庆长垣外围低渗透油田开发技术进展及攻关方向

隋　军[1]

摘要：大庆长垣外围油田从1982年在宋芳屯等油田开辟注水开发试验区以来，经历了探索试验、规模上产和攻关上产三个发展阶段。开发技术也由常规水驱开发到“两早、三高、一适时”注水开发、注采系统等综合调整再发展到当前的水平井注水开发、井网加密综合调整及矩形井网与大型压裂结合等开发技术，开发技术的不断发展进步，也带动了外围油田产量快速增长。同时，针对目前外围油田开发存在的问题，明确提出了今后开发技术攻关方向，进一步提高外围油田的开发水平。

关键词：低渗透油田　水平井　油藏描述　井网优化　开发模式

大庆长垣外围油田主要油层是葡萄花、扶杨油层。葡萄花油层以三角洲前缘相沉积为主，砂体薄、丰度低，西部砂体零散、同层发育；扶杨油层以三角洲分流平原相沉积为主，砂体窄、渗

---

[1]作者简介：隋军，男，1959年2月出生，2004年6月西南石油学院油气田开发工程专业获博士研究生学位，现任大庆油田有限责任公司董事、大庆油田有限责任公司（大庆石油管理局）副总经理（副局长）、安全总监、党委常委。

透率低、流度低。针对外围油田油藏地质特点，形成五项主导技术：低渗透油藏描述技术、特低丰度油藏水平井开发技术、特低渗透油藏井网优化与整体压裂开发技术、低渗透油藏以井网加密为主的综合调整提高采收率技术、“丛、树、简、智”开发模式有效控制投资技术。在分析外围油田开发面临三个方面难题的基础上，提出了下步攻关方向，这将对今后外围油田的开发及国内其他低渗透油田的开发具有重要的借鉴意义。

一、长垣外围低渗透油田开发主导技术

针对外围油田油藏地质特点，经过20余年开发试验和攻关研究，形成五项主导技术：

（一）大庆外围低渗透油藏描述技术

发展地震预测、测井解释技术，解决了低渗透油藏评价技术问题，为提高成藏规律认识、优选含油富集区奠定基础。

1. 不断发展地震预测技术，提高了低渗透油藏砂体预测精度

一是研究形成分频处理解释技术，解决了扶杨油层主体河道砂刻画问题，在朝长地区预测主体河道砂体发育带，符合率77%。

二是研究形成“三阶段九步”井震逐级反演技术，解决了葡萄花油层薄层、零散砂体的预测问题，通过跟踪反演，古16井区符合率由60%提高到75%。

2. 形成复杂油水层测井解释技术，提高油水层符合率

长垣西部油藏储层厚度薄，油水分布复杂，应用分区分层交

绘图版、岩石热解、荧光照相的油水层综合识别方法，使低阻、含钙、薄互层的油水层识别符合率达到85%以上。

油藏描述技术的突破，带来了储量的增长和上产步伐的加快。

（二）特低丰度油藏水平井开发技术

通过0.4~0.8m薄差油层水平井开发技术攻关，解决了葡萄花油层“丰度低、直井开采无效益”的难题。

1. 形成了水平井开发井网优化设计方法

从井排方向、水平段长度、注采井网形式三个方面进行优化设计。压裂完井时，水平井方位与最大水平主应力方向成45°角，射孔完井时，水平井方位沿砂体部署；数值模拟水平段长度在600m左右，实际设计一般为400~600m；注采井网以水平井注水—水平井采油最好，直井注水—水平井采油次之，水平井注水—直井采油最差。

2. 发展了薄差层水平井设计与控制技术

建立高精度三维地质模型，精细刻画单砂体，同时进行随钻控制，储层钻遇率在70%以上。

3. 形成水平井射孔、压裂工艺配套技术

形成水平井配套射孔工艺技术，研制了弹架旋转和枪身旋转两种定向射孔枪，实现了水平井任意方向的定向射孔；研制了高强度水平井射孔枪和可靠的传爆系统，实现了水平井多段、大跨距、长井段射孔。

探索了水平井分段压裂技术，多层阶梯水平井结合分段压裂，单井平均产量12.4t/d，是直井的4.6倍。

通过近年来研究及现场试验，水平井开发取得较好效果（表1）。

表1　外围油田葡萄花油层水平井开发效果表（2008年12月底）

油田	投产井数（口）	有效厚度（m）	有效层数（层）	储量丰度（$10^4t/km^2$）	建设产能（10^4t）	单井日产油（t）		与直井产量比值
						初期	目前	
敖南	28	2.1	2.6	16.2	4.76	4.7	3.8	2.8
肇州	62	2	1.9	20.6	14.88	14	7.8	5
宋芳屯	11	2.1	2.3	21.2	2.64	18.6	12.2	4.1
升平	2	2.6	2.2	25.1	0.48	14.8	10	3.5
合计	103	2.2	2.1	18.1	22.76	12.7	7.2	3~5

（三）特低渗透油藏井网优化与整体压裂开发技术

根据特低渗透渗流机理特征，研究了非达西渗流油藏工程方法，与整体压裂开发技术结合，初步形成了适合特低渗透扶杨油层有效开发的配套技术。

1. 非达西渗流油藏井网优化设计技术

应用低渗透油藏非达西理论优化井网，确定开发技术界限：根据地应力分布，确定最优井排方向和井网形式（图1）。应用非达西理论，优化有效驱动井排距（图2）。

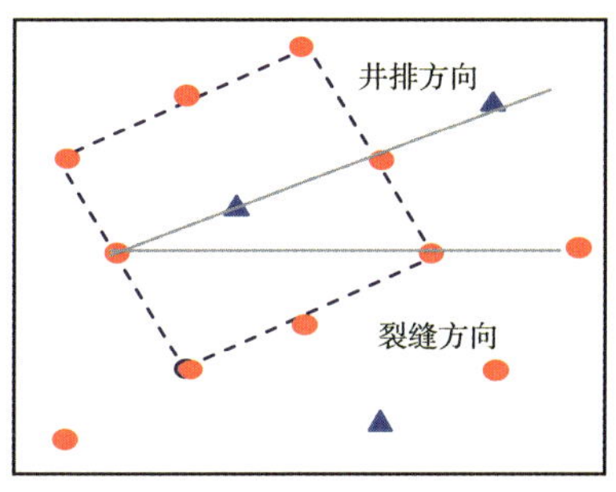

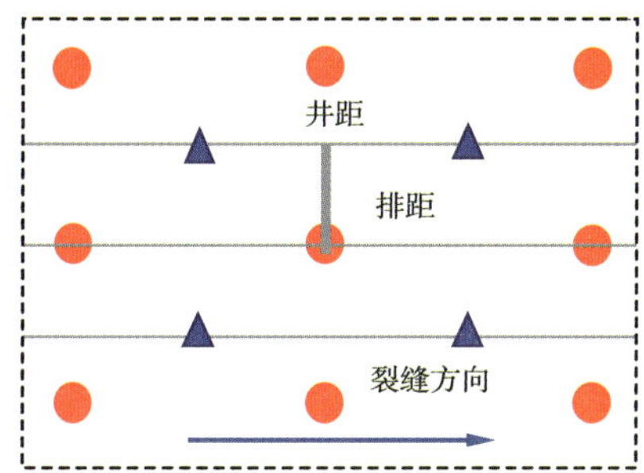

图 1　井排方向与裂缝方向关系图

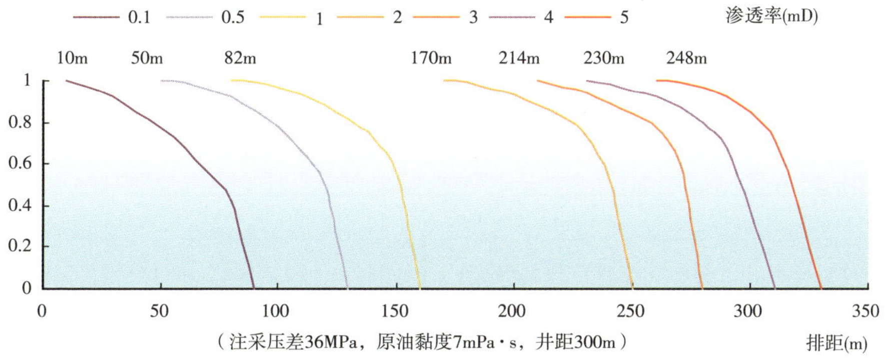

图 2　启动系数与排距关系图版

2. 矩形井网、大型整体压裂工艺技术

1）压裂措施与井网整体优化，合理设计油水井缝长（图 3）

2）优化水井压裂设计，提高裂缝驱替能力

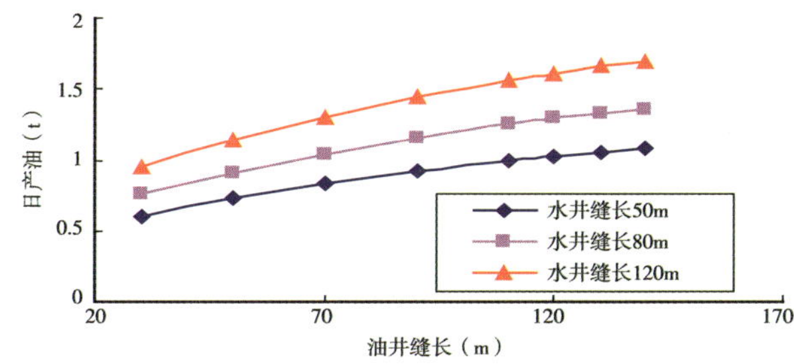

图 3　日产量与油井、水井裂缝长关系曲线

水井裂缝导流能力提高35%以上，前置液比例由35%降至20%，采用快速提砂比的方法提高导流能力，低伤害压裂液降低储层伤害。

采用井网优化与整体压裂结合，在州201区块取得较好效果（表2）。该区块共投产、投注油水井53口，截至2008年12月底，累积注水$34.95\times10^4m^3$，累积产油3.59×10^4t，采油速度2.4%，采出程度5.47%，综合含水39.84%。

表2　州201试验区受效井情况统计表

分井网统计				受效井情况统计			
井网	井数（口）	砂岩厚度（m）	有效厚度（m）	井数（口）	比例（%）	砂岩厚度（m）	有效厚度（m）
300m×60m	11	18.7	11.4	11	100	18.7	11.4
360m×80m	6	14.3	7.6	5	83.3	13.8	7.5
400m×80m	12	12	6.9	6	50	13.5	7.5
平均	29	15	8.7	22	75.9	16.2	9.5

（四）低渗透油藏以井网加密为主的综合调整提高采收率技术

形成了大庆外围油田“精细地质研究—三维地质建模—油藏数值模拟”一体化的精细油藏描述和井网加密为主的综合调整技术，进一步提高了已开发油田采收率。

调整对策：中渗透萨葡油层——井网加密与注采结构调整相结合；裂缝性低渗透萨葡油层——反九点转线状注水；裂缝性扶杨油层——井网加密与转线状注水相结合；裂缝不发育扶杨油层

——加密缩小井排距结合整体压裂。

2008年底，外围油田已加密调整39个区块，地质储量 1.54×10^8t，钻加密井2000余口。区块最终采收率达到25.4%～33.2%，平均提高6.49个百分点，增加可采储量 998.4×10^4t。

（五）“丛、树、简、智”开发模式有效控制投资技术

针对大庆西部外围地区低渗透复杂油藏品质差、动用难度大、开发风险大的实际，大庆油田公司积极探索、加强攻关，形成了以“丛、树、简、智”为特色的产能建设模式，实现了低渗透复杂油藏的有效开发。

1. 丛式井组优化

通过油层地质特点及钻井工艺的可行性分析，在综合对比优选的基础上，将丛式井场由“一直八斜”扩大到“一直十二斜”。2008年齐家北油田油水井450口，丛式井场72座，进平台率98.2%。总征地面积减少123.8公顷，少伐树6万棵。

2. 树状电加热集油技术

研究管道电加热机理及影响因素，优化电加热集输管网设计参数和运行参数，平均单井管线长度由900m降至196m，管径缩小1～2个等级；减少阀组间13座，处理规模由6000m³/d降至1100m³/d，减少1条15.5km输气管线，节省一次性建设投资2123.6万元。齐家油田自2008年8月投产至今，吨油能耗为29.6kg标煤，比同类油田平均吨油能耗少50.49kg标煤。

3. 简化布站技术

以“老区改造与新区建设相结合”为原则，采用油气水混输

技术总体规划，减少建站数量，缩短集油半径；简化站内工艺，采用气液简单分离，外输含水油。

4. 智能化管理

研制出地面数码调控系统，实现间歇供电、反复启停、断电后自动重启、自动报警保护等功能。通过数码直接调整功率和冲次，实现 0.1 ~ 10 次的瞬间调参，并增设磕泵保护和系统雷击保护功能。

齐家北油田通过“丛、树、简、智”开发模式，产能建设投资降低 10%。

通过低渗透油藏有效开发配套技术攻关，自 2003 年以来，年上产幅度 30×10^4t，新区产能增长近三倍，外围油田产量实现快速增长。

二、面临难题及今后攻关方向

（一）面临难题

随着开发进程的不断深入，如何进一步提高外围油田开发水平，还面临着如下难题：

1. 致密油藏有效开发技术

渗透率小于 2mD、流度小于 0.3mD/mPa · s 的低渗透扶杨油层 3.27×10^8t，占总未开发储量 38.8%，虽然进行多种开发试验，但仍未实现技术突破（表 3）。

表3　外围油田裂缝不发育扶杨油层典型区块情况表

区块	井网（m×m）	有效厚度（m）	空气渗透率（mD）	原油流度（mD/mPa·s）	初期日产油（t）	目前	
						日产油（t）	采油速度（%）
源35－1北	250×80	9.6	1	0.13	0.83	0.2	0.04
源35－1南	250×100	8.8	1	0.13	1.15	0.23	0.11
源151	350×150	8.9	0.95	0.12	0.67	0.25	0.23
源121－3	350×100	12.6	1.4	0.18	1.16	0.45	0.46
茂401	600×（50、70、90）	16.5	0.4	0.1	0.4	0.11	0.33
州2	150×150 212×212	8.7	0.9	0.15	0.6	0.1	0.14

2. 低渗透油田提高采收率技术

目前，外围部分油田已进行了一次井网加密，可采储量采出程度和综合含水较高，需要研究进一步提高采收率技术（表4）。

表4　外围油田中高含水萨葡油层典型区块参数表

区块	投产时间（a）	有效厚度（m）	动用储量（10^4t）	单井日产油（t）	综合含水（%）	采油速度（%）	采出程度（%）	采收率（%）	可采储量采出程度（%）	老井自然递减率（%）
龙虎泡	1983	5.5	1316	1.3	88.59	0.63	31.34	38	82.47	14.58
杏西	1982	3.9	248	2.1	88.38	0.62	28.38	35.5	79.94	13.69
齐家	1985	12	155	2.5	85.02	0.61	24.86	31	80.19	—
敖古拉	1988	4.7	431	1.3	86.03	0.54	20.87	31.3	66.68	14.14
升平	1984	4.7	2843.5	1.1	72.57	0.43	16.71	27.9	59.89	18.51

3. 待探明地区评价优选技术

大庆外围油田剩余、预测储量控制以扶杨油层为主，扶杨油层流度小于0.3mD/mPa·s比例较大，葡萄花油层以油水同层为主，待探明地区地质条件差、井控程度低、评价难度大，需要在油藏评价技术上攻关。

（二）攻关方向

今后，将在大庆外围油田继续开展好注气等矿场试验，力争突破难采储量有效开发技术"瓶颈"。

1. 矿场试验

1）致密油藏二氧化碳驱开发技术研究与试验

2003年和2007年已经开展芳48先导性和芳48、树101两工业性矿场试验，初步见到效果，下步将按照攻关计划加强攻关，力争早日形成特低渗透扶杨油层有效开发新技术。

2）特低渗透油藏稀油热采技术

朝阳沟油田扶余油层地层原油黏度高，为10~14mPa·s，渗流阻力大，在一类区块开展蒸汽驱试验，28口井有效率达到78.6%，单井增油123t（图4），下步将在二、三类区进一步扩大试验。

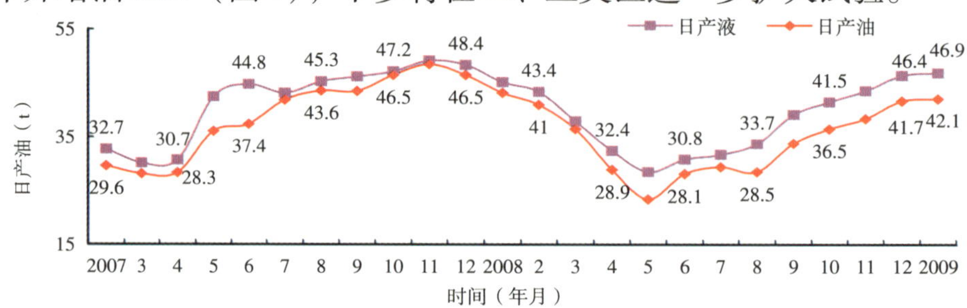

图4 朝119—52井区蒸汽驱开采曲线

3）低渗透油藏提高采收率技术研究与试验

2007 年 4 月在升 30－26 区块开展聚表剂驱试验区，该区含油面积 0.45km^2，地质储量 35.69×10^4t，油水井 10 口，油水井距 250m，有效厚度 7.8m，有效渗透率 $90\times10^{-3}\mu m^2$。试验表明，聚表剂能连续注入升平油田油层，起到增油降水的效果（图 5）。

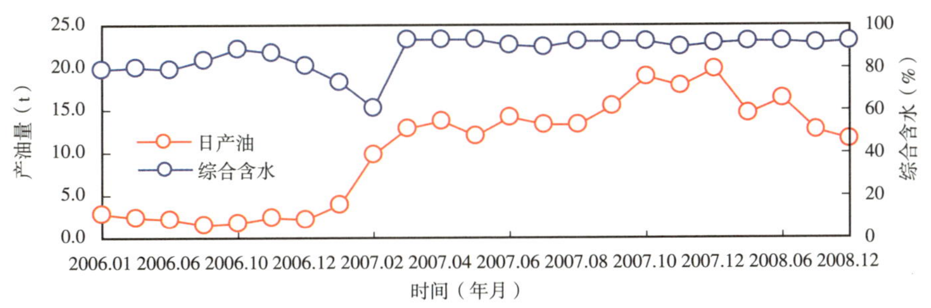

图 5　升 30－26 区块聚表剂驱试验区开采曲线

2. 有效开发配套技术研究

（1）待探明区特低渗透、特低丰度油藏描述技术研究；

（2）致密油藏开发机理研究；

（3）低渗透油藏提高采收率技术研究；

（4）致密油藏提高单井产量配套工艺技术研究；

（5）致密油藏有效开发地面配套技术研究。

三、认识及结论

外围油田开发是认识——实践——再认识——再实践的过程，需要我们持续提升理论创新和技术进步的能力，不断深化油藏认识，才能进一步提高外围油田整体开发水平。

参考文献

[1] 李莉，韩德金，周锡生. 大庆外围低渗透油田开发技术研究 [J]. 大庆石油地质与开发，2005，23 (5)：85-87.

[2] 延吉生，孟英峰. 我国低渗透油气资源开发中的问题和技术需求. [J]. 西南石油学院学报，2004，26 (5)：46-50.

[3] 王秀娟，杨学宝，等. 大庆外围油田精细油藏描述技术研究 [J]. 石油学报，2006，27：106-110.

[4] 林玉保，刘春林，王秀芬，等. 特低渗透储层油水渗流特征研究 [J]. 大庆石油地质与开发，2005，24 (6)：42-45.

[5] 秦月霜，王延辉，等. 大庆外围油田河道砂体储层预测技术及应用 [J]. 石油学报，2006，27：66-70.

[6] 朱维耀，鞠岩. 低渗透裂缝性砂岩油藏多孔介质渗吸机理研究 [J]. 石油学报，2002，23 (6)：56-59.

[7] 孙庆和，何玺，李长禄. 特低渗透储层微裂缝特征及对注水开发效果的影响 [J]. 石油学报，2000，21 (4)，53-57.

[8] 王秀娟，杨学保，迟博，等. 大庆外围低渗透储层裂缝与地应力研究 [J]. 大庆石油地质与开发，2004，23 (5)：88-90.

[9] 丁云宏，陈作，曾斌，等. 渗透率各向异性的低渗透油藏开发井网研究 [J]. 石油学报，2002，23 (2)：64-67.

[10] Ji Bingyu, Lan Yubo. Permeability tensor characteristics of anisot ropic reservoir and optimization of well pattern parameters [J]. Tsinghua Science and Technology, 2003, 8 (5): 564-567.

[11] 牛彦良，李莉. 特低丰度油藏水平井开发技术研究 [J]. 大庆石油地质与开发，2006，25 (2)：28-30.

[12] 周锡生，李莉，韩德金，等. 大庆油田外围扶杨油层分类评价及调整对策 [J]. 大庆石油地质与开发，2004，25 (3)：35-37.

[13] Kaveh Dehghani, Robert Ehrlich. Evaluation of t he steaminjection

process in light2oil reservoirs [R]. SPE 73403, 2001: 395-405.

[14] 郭会坤，高彦楼，吉庆生. 特低渗透扶杨油层有效动用条件研究[J]. 大庆石油地质与开发，2004, 23(3): 38-40.

[15] 冯大晨，王文明，赵向国，等. 特低渗透扶杨油层可动储量评价研究[J]. 大庆石油地质与开发，2004, 23(2): 39-42.

低渗透油田注 CO_2 提高采收率技术

胡永乐[1]　黄　磊　王高峰　胡云鹏　杨思玉

研讨会技术报告七

摘要： CO_2 具有易溶于原油并使其膨胀、显著降低原油黏度、在特定的温度和压力下能够与原油混相从而大幅度降低界面张力等优点。因此，注 CO_2 是提高低渗储量动用率和采收率的有效方式，同时也是减排 CO_2 的重要途径。国内已初步实现了注 CO_2 驱油技术的应用，由于起步晚，注 CO_2 经验还有待丰富，技术尚须完善。

关键词： 低渗透 CO_2 驱　提高采收率　CO_2 埋存　配套技术

---

[1]作者简介：胡永乐，1960 年 10 月北京出生，籍贯河北唐县，中共党员。1983 年 7 月毕业于大庆石油学院油气田开发专业，获学士学位。1992 年 7 月毕业于中国石油勘探开发研究院研究生部，获硕士学位，2003 年获博士学位。2001 年评定为教授级高级工程师，2004 年被评定为博士生导师。2004 年被人事部等七部委评为新世纪百千万人才工程国家级人选，2007 年获国务院政府特殊津贴。

1983 年 7 月大学毕业进中国石油勘探开发研究院油气田开发研究所，1996 年 3 月任开发所副所长，1999 年 9 月任开发所书记兼副所长，2002 年 5 月任开发所所长，2005 年 6 月任院副总工程师兼开发所所长。

从事油气田开发研究工作，主要研究方向为气田、凝析气田开发技术；复杂类型油田开发技术。参与了油气藏试井解释、流体相态分析、生产动态分析、油气藏数值模拟、开发方案设计、油气田规划等研究工作。承担了多项国家、省部级重大科研项目攻关，完成的科研成果获得国家、北京市、中国石油天然气集团公司科技进步奖八项，发表论文 30 余篇，培养博士、硕士研究生 20 余名，被中国地质大学等四所高校聘为兼职教授。

一、引言

随着国民经济的快速发展和技术的不断进步，对能源的需求日益增大，大量低渗透油田储量投入开发，低渗透油藏开发下限也在不断降低。目前国内已能够通过整体压裂、超前注水等技术对渗透率大于1mD以上的低渗储藏进行经济有效的开发，但对于渗透率小于1mD的超低渗储藏开发有较大的难度。对于该类油藏，CO_2驱油技术将是有效开采方式。

注CO_2驱油能有效补充地层能量。对于低渗透油藏，受注水困难、压力传导不畅等因素的影响，水驱开发很难建立有效的驱替系统，地层能量保持水平低，不少注水开发低渗油藏压力保持水平还不到原始压力的70%，严重影响油田的开发效果。CO_2黏度远远低于水相黏度，与注水相比，CO_2更容易被注入到油层而且流动性更强，因此CO_2驱能够有效补充地层能量，恢复地层压力。

注CO_2驱油能有效地降低储层动用下限，提高油层动用率。CO_2能够进入水相所不能进入的细小孔隙中，有效地动用其中的储量并改善注采剖面，提高储量动用率。对于黏土含量高、水敏严重的低渗透储层，CO_2更是一种良好的替代性驱替介质。

注CO_2驱油能提高驱油效率和采收率。低渗透储层可动油饱和度低，水驱油效率及水驱采收率均较低。对于我国已处于高含水开发阶段的主力油田而言，CO_2驱油可进一步提高高含水老油田采收率。长岩心驱替试验表明：与水驱相比，CO_2驱油可较大幅度地提高驱油效率，在含水95%的基础上实施CO_2驱油可提高采收率10%。

CO_2减排是环保的要求、国家和企业的责任。CO_2作为一种主要的温室气体，其浓度的增加被认为是导致全球气候变暖的主要原因。为使人类免受全球变暖的威胁，1997 年在日本京都召开的《联合国气候变化框架公约》缔约方第三次会议通过了旨在限制发达国家温室气体排放量以抑制全球变暖的《京都议定书》。《京都议定书》规定，到 2010 年，所有发达国家 CO_2 等 6 种温室气体的排放量，要比 1990 年减少 5.2%。中国政府十分重视 CO_2 减排，并以一个负责任的发展中国家的形象于 1998 年 5 月签署并于 2002 年 8 月核准了该议定书。当前，解决 CO_2 排放问题的一个有效办法是将 CO_2 埋藏到地层中进行封存（图 1）。封存 CO_2 方法包括：（1）将 CO_2 注入废弃油气藏；（2）将 CO_2 注入地下水层；（3）将 CO_2 注入生产油气藏提高采收率（EOR）；（4）将 CO_2 注入煤系地层提高煤层气采收率（ECBM）[1]。采用 EOR 及 ECBM 方法储存 CO_2 有限，但由于 EOR 及 ECMB 能够带来经济效益（增加油气产量），因此 EOR 及 ECBM 方法是 CO_2 减排的首选方法。

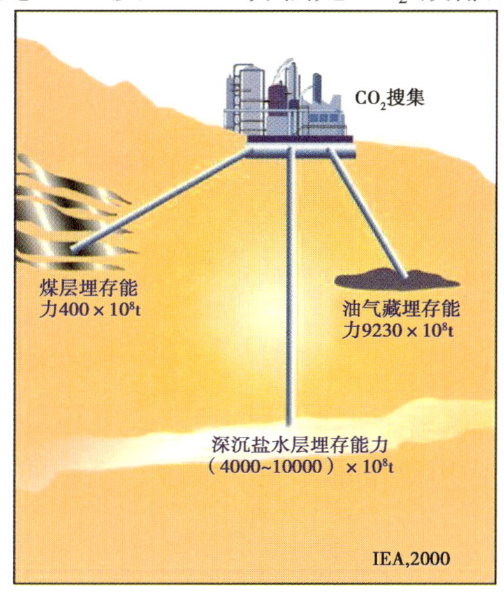

图 1　CO_2 封存示意图

二、国内外油田注 CO_2 现状

（一）国外 CO_2 驱油实践及应用现状

国外利用 CO_2 驱油提高采收率已经有半个多世纪的历史，早在 1952 年 Whorton 和 Brownscombe 就获得了关于使用 CO_2 提高原油采收率的专利。在 20 世纪 70 年代以前，大规模的油田应用相对较少，大多数关于 CO_2 驱油提高采收率的研究集中在实验室。1973 年以后受油价上涨的刺激，美国开展了大规模的注 CO_2 油田应用试验。近年来，CO_2 驱油提高采收率技术以其适用范围广、驱油效率高、成本较低等优势，受到世界各国的广泛重视。目前，CO_2 驱油提高采收率技术在国外已经获得工业化应用与推广，国外已成功应用 CO_2 驱油技术提高老油田采收率和开采低渗油藏，应用潜力巨大［（3000～6000）$\times 10^8$bbl OOIP］，2006 年世界 CO_2 驱油产量为 1258.6 $\times 10^4$t（表 1）。

表 1　2006 年世界 CO_2－EOR 项目统计（资料来源 2006 OGJ）

<table>
<tr><th>国家</th><th>项目数</th><th>产量（10^4t/年）</th><th>备　注</th></tr>
<tr><td>美国</td><td>82</td><td>1186</td><td rowspan="6">1958 年 Shell 联合其他公司一起铺设了 183km 的管线，率先在 Permian Basin 的一个小油田尝试 CO_2 混相驱，提高采收率约 12%。
2006 世界 EOR 产量为 8716 $\times 10^4$t/年
2006 世界 CO_2 － EOR 产量为 1258.6 $\times 10^4$t/年占世界总 EOR 产量的 14.4%</td></tr>
<tr><td>加拿大</td><td>6</td><td>36</td></tr>
<tr><td>特立尼达</td><td>5</td><td>1.6</td></tr>
<tr><td>土耳其</td><td>1</td><td>35</td></tr>
<tr><td>总计</td><td>94</td><td>1258.6</td></tr>
<tr><td colspan="3">世界 2006—2007 年计划 CO_2－EOR 项目 15 个</td></tr>
</table>

美国是 CO_2 混相及非混相驱项目开展得最多的国家。2006 年美国提高采收率项目共 153 个，其中 CO_2 驱 82 个。据统计，美国每年注入油藏的 CO_2 量约为（2000 ~ 3000）$\times 10^4$t，其中约有 300 $\times 10^4$t 来源于煤炭气化厂和化肥厂的废气。美国大部分油田驱替方案中，注入的 CO_2 体积约占烃类孔隙体积的 30%，提高采收率的幅度为 7% ~22%。

加拿大萨斯喀彻温省 Weyburn 油田 CO_2 注入工程是世界上 CO_2 埋存和提高采收率运作最成功的实例之一。Weyburn 油田位于加拿大斯喀彻温省南部 Williston 沉积盆地，与美国北达科他州相邻。开采层位为 Charles（Midale Beds），地层深度 1400m，原始油层压力 14.6MPa，油藏温度 61℃；其中 Marly 油组平均孔隙度为 26%，平均渗透率为 10mD；Vuggy 油组平均孔隙度为 11.2%，平均渗透率为 15mD；是典型的低渗透油藏。油田于 1954 年投入开发，当大部分易于开采的储量被采出后，加拿大 EnCana 公司决定向储层中注入 CO_2 以提高原油的采收率。注入的 CO_2 源于美国达科他州 Beulah 煤炭气化公司天然气生产过程中所产生的 CO_2 气体，纯度为 95%，通过 320km 的专用管道将 CO_2 气体输送到 Weyburn 油田。原油日产量从注 CO_2 前的 1.7 $\times 10^4$bbl 上升到目前 2.6 $\times 10^4$bbl，产量还有上升趋势。注 CO_2 前水驱采出程度已经达到 26.4%，第一阶段设计注入、储存 $CO_2$500 $\times 10^4$t，预计采收率从水驱的 30% 提高到 46%，提高 16 个百分点。使油田的寿命延长数十年，实现埋藏和提高原油采收率双赢的局面。

（二）国内油田 CO_2 驱油矿场试验

CO_2 驱油在我国 20 世纪 60 年代初受到重视并开始室内实验和先导性试验。1963 年首先在大庆油田进行研究和小规模的矿场

实验。先导性实验证明 CO_2 驱油技术可提高采收率 10% 左右。1990—1995 年大庆油田在萨南东部过渡带南 3－3 丙 45 井区进行 CO_2 气水交注，注气前区块含水 98%，注气提高采收率 6%，CO_2 利用率 0.23t/tCO_2。1999 年在吉林新立油田尝试了 CO_2 驱，注 CO_2 约 1500t，增油 5120t。1998 年江苏油田富 14 断块 CO_2 气水交替混相试验，注气前区块含水在 95% 以上，注气后采收率增加 4%，CO_2 利用率 0.4t/tCO_2。2006 年草舍油田开展 CO_2 气水同步注入矿场试验，目前还处于实施阶段，从初步的开发效果看，实现了混相，提高了单井产量。2008 年大庆油田树 101 区块和宋芳屯区块将 CO_2 驱作为一次采油方式，取得了初步效果。2008 年吉林油田黑 59 区块开展 CO_2 驱，注气反应显著，单井产量较初期产量有大幅度提高。

目前我国大庆、吉林、胜利、辽河、中原、江苏等油田积累了一定的 CO_2 驱资料和实践经验。但总体上来看，国内的 CO_2 驱油技术起步较晚，矿场实践规模较小，经验有待丰富，技术工艺尚需配套，核心技术亟待突破。

三、CO_2 驱油机理

CO_2 是一种在油和水中溶解度都很高的气体，当它大量溶解于原油中时，可以使原油体积膨胀，黏度下降，还可以降低油水间的界面张力；CO_2 溶于水后形成的碳酸还可以起到酸化作用。如果原油的组成合适，在适当的压力下 CO_2 还可以与原油混相，显著提高驱油效率。人们通过大量的室内实验和现场实验，都证明了 CO_2 是一种有效的驱油剂。

CO_2 驱分为三类：混相驱（包括近混相驱）、非混相驱和碳酸水驱。CO_2 之所以能有效地从多孔介质中驱油主要是由于以下各因素作用的结果：

1）膨胀作用

CO_2 在原油中可以充分溶解，使原油的体积大幅度膨胀，一般可增加 10% ~40%[2]。这种膨胀作用对驱油非常重要：第一，水驱后留在油层中的残余油与膨胀系数成反比，即膨胀越大，油层中残留的油量就越少；第二，溶解的油滴将水挤出孔隙空间，使水湿系统形成一种排水而不是吸水过程，泄油的相对渗透率曲线高于他们的自动吸油相对渗透率曲线，形成一种在任何给定饱和度条件下都有利的油流动环境；第三，原油体积膨胀后一方面可显著增加地层的弹性能量，另一方面膨胀后的剩余油脱离或部分脱离地层水的束缚，变成可动油[3]。

2）降黏作用

当原油中的 CO_2 溶解气饱和后，能够大大降低原油的黏度。在地层条件下，压力越高，CO_2 在原油中的溶解度就越高，则原油的黏度降低越显著[4]。当 CO_2 溶于原油后，可使其黏度减少 1.5 ~2.5 倍。一般情况下，原油越黏，其黏度百分比降得就越多，即 CO_2 溶解在重质原油中引起的黏度下降幅度比 CO_2 溶解在轻质原油中引起的黏度下降幅度大得多。因此，人们认为 CO_2 可以用来开采重质原油。由于溶解 CO_2 原油黏度下降，流度比得到改善，油相渗透率也会有相应的提高。

3）改善油水流度比、降低油水界面张力

CO_2 溶于水后，可使水粘度增加 20% ~30%，水流度增加 2 ~3倍，同时随着原油流度的降低，油水流度比和油水界面张力将进一步减小，使油更易于流动。

4）提高注入能力和酸化解堵作用[5]

CO_2－水的混合物略带酸性并与地层基质发生反应，原理如下：

$$CO_2 + H_2O \longrightarrow H_2CO_3 \quad (1)$$

$$H_2CO_3 + CaCO_3 \longrightarrow Ca(HCO_3)_2 \quad (2)$$

$$H_2CO_3 + MgCO_3 \longrightarrow Mg(HCO_3)_2 \quad (3)$$

生成的碳酸氢盐很容易溶于水，它可以导致储层的渗透率提高，尤其是井筒周围的大量水和 CO_2 通过的储层。另外，CO_2－水混合物由于酸化作用可以在一定程度上解除无机垢堵塞、疏通油流通道，恢复单井产能。

5）溶解气驱作用[6]

由于 CO_2 在原油中的溶解度较大，在注入过程中，一部分 CO_2 溶于原油，随着注入压力上升，溶解的 CO_2 量越来越多，当油藏停止注 CO_2 时，随着生产的进行，油藏压力降低，油藏原油中的 CO_2 就会从原油中分离出来，为溶解气驱提供能量，形成类似于天然类型的溶解气驱。

6）使原油中的轻质组分萃取和汽化

轻质烃与 CO_2 间具有很好的互溶性，当压力超过一定值（此值与原油性质及温度有关）时，CO_2 能使原油中的轻质组分萃取和汽化，这种现象对轻质原油表现得尤为突出。CO_2 对原油中的轻质烃的萃取和汽化现象是注入 CO_2 增油主要机理之一。

7）混相效应[7]

CO_2 与原油在油藏温度下，达到混相所需要的最小压力称为最小混相压力（MMP）。最小混相压力取决于 CO_2 的纯度、原油组分和油藏温度。最小混相压力随着油藏温度的增加而提高；最小混相压力随着原油中 C_5 以上组分分子量的增加而提高；最小混相压力受 CO_2 纯度（杂质）的影响，如果杂质的临界温度低于

CO_2 的临界温度，最小混相压力减小。反之，如果杂质的临界温度高于 CO_2 的临界温度，最小混相压力增大。

CO_2 与原油混相后，不仅能萃取和汽化原油中轻质烃，而且还能形成 CO_2 和轻质烃混合的油带。油带移动是最有效的驱油过程。

四、攻关方向

与国外海相沉积储层不同，我国现已发现的油田大部分属于陆相沉积储层，构造地质特征复杂、非均质性严重、原油中重组分含量较高、黏度较大，要成功实施 CO_2 驱亟需解决以下几个方面的问题：

（一）确定适合中国地质特点的 CO_2 驱油藏筛选标准以及提高采收率的评价方法

当前，国外关于 CO_2 驱油提高采收率项目已经形成一些筛选标准，但是上述标准对于我国的陆相沉积储层尤其是低渗储层的适用性有待考证。因此需要结合国内地质特点，在陆相沉积背景下综合考虑复杂构造地质特征（包括盆地特征、地质构造、沉积相特征、断裂特点、盖层封闭性等）、油藏特征因素（包括油藏渗透率界限、非均质性参数等影响油藏注入能力的因素）、原油油品性质因素（包括原油组分、CO_2 纯度等因素对 CO_2 与原油混相行为的影响），确定 CO_2 混相驱、非混相驱及吞吐的适用范围，制定适合中国地质特点的低渗特低渗油藏条件下 CO_2 驱油提高采收率及埋存的油藏筛选标准以及评价方法。

（二）发展 CO_2－地层流体混合体系相态评价与表征技术

CO_2 驱油过程中，CO_2 与原油之间会发生组分交换，可能出现复杂的相态变化过程（图 2），因此对地层条件下 CO_2－地层流体混合体系相态进行评价是 CO_2 驱油方案科学编制的依据。当前 CO_2－地层流体混合体系相态评价主要通过 PVT 实验进行，取样—配样—实验—数据整理和分析，每个环节有误都会导致结果不准。如何使实验结果能够更好的代表地层条件下 CO_2－原油体系相态是需要重视的问题。

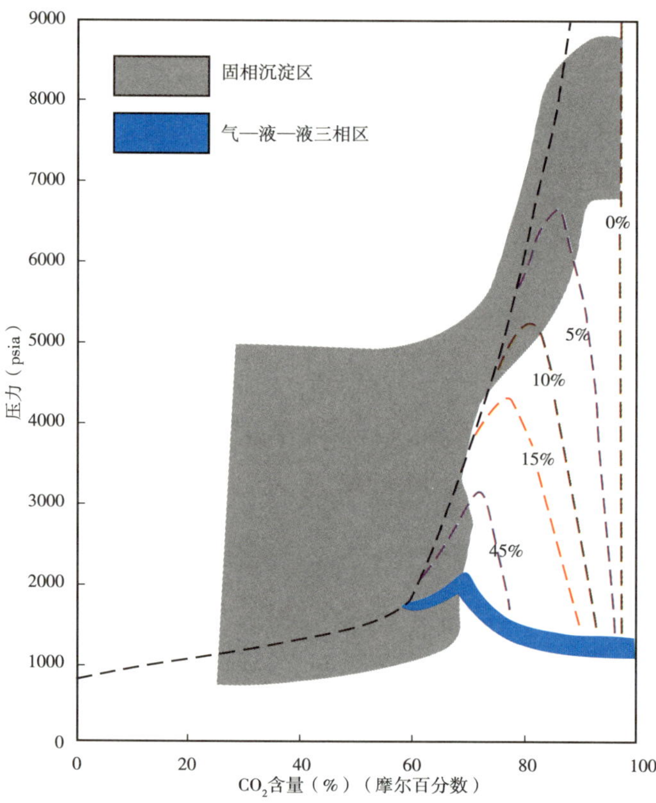

图 2　美国西得克萨斯油藏原油 CO_2－原油体系的 P－X 相图[8]

关于相态表征方面，需在井流物热稳定性评价、拟组分划分与组合、固相沉淀表征、状态方程调整、最小混相压力计算方法等方面形成了一套完整方法，为后期 CO_2 驱油数值模拟奠定基础。

（三）发展适宜 CO_2 驱油精细油藏描述和数值模拟技术

我国大多数油田属陆相沉积，具有非均质性强、砂体展布范围小，隔夹层多的特点。针对薄层、窄河道的储层特点，研究砂体展布特征、隔夹层发育特征以及注采井之间的联通关系，为 CO_2 驱油方案提供可靠的地质认识。

在数值模拟技术方面，须进一步发展考虑相间传质及扩散作用的多相多组分模拟方法，以便更好的模拟 CO_2 驱油过程中可能发生的多液相流动以及固相沉淀，为国内大量复杂类型油藏 CO_2 驱油做好技术储备。

（四）开发 CO_2 气驱前沿动态监测技术

在 CO_2 驱油过程中，对于 CO_2 气驱前沿的监测至关重要，亟需开发基于地震、测井及生产动态资料的 CO_2 气驱前缘监测。

（五）完善 CO_2 驱油钻采与地面工程技术

由于国内对 CO_2 驱油钻采和地面工艺的研究工作起步晚，CO_2 驱油相关工艺设备的应用效果有待检验，CO_2 防腐技术以及 CO_2 分离技术有待进一步发展。

（六）研究新一代 CO_2 驱油提高采收率技术

针对传统技术的缺陷，新一代 CO_2 驱油提高采收率技术主要有以下改进：利用水平井等改进布井方案和驱替方式，提高剩余

油波及程度和驱油效率；改善流度比，控制 CO_2 黏性指进，扩大波及体积；通过添加混相剂，降低最小混相压力；并注意各项技术的集成应用。

国内实施 CO_2 驱油提高采收率技术起步晚，需加紧技术攻关，力争为低渗油田大规模工业化应用提供技术支撑。

参考文献

[1] 94922 Economic Evaluation of Oil Production Project with EOR：CO_2 Sequestration in Depleted Oil Field A. T. F. S. Gaspar, SPE, S. B. Suslick, SPE, D. F. Ferreira, and G. A. C. Lima, SPE, State U. of Campinas.

[2] 蔡秀玲. CO_2 单井吞吐技术的增油机理及应用. 石油钻采工艺. 2002, 24（24）：45－46.

[3] 王守岭等. CO_2 吞吐增产机理室内研究与应用. 钻采工艺，2004，1：91－94.

[4] 于云霞. CO_2 单井吞吐增油技术在油田的应用. 钻采工艺，2004，1（27）.

[5] 梁福元. 二氧化碳吞吐技术在断块油藏的应用. 试采技术，2001，32（3）.

[6] 陈铁龙. 三次采油概论. 北京：石油工业出版社，2000.

[7] ［美］小斯托卡 F. 混相驱开发油田. 北京：石油工业出版社，1989.

[8] Goodrich, J. H.：Target reservoir for CO2 Miscible Flooding, Report DOE/MC/08341－17, U. S. DOE, Washington, DC（1984）.

China Low Permeability Oil & Gas Workshop

Chevron Experience and Innovation in Tight Gas Field Developments

Ronald B. Horner[1]

Abstract: Tight gas reservoir development is one of six areas of emphasis by Chevron in the general category of "unconventional resource developments". This discussion describes Chevron's experience and innovation in three gas field developments: Lobo Trend in Texas, USA, the Piceance Basin in Colorado, USA, and the Whitney Canyon – Carter Creek Field in Wyoming, USA. This discussion describes the applied technologies utilized to maximize recoveries from these fields. It includes technologies such as geomechanical reservoir simulators for predicting fracture

研讨会技术报告八

---

[1] Ronald B. Horner

Team Leader, Chevron Energy Technology Company.

Ron Horner is the Production Engineering Team Leader at the Chevron Global Technology Center in Perth, Australia. He and his team consult in virtually all areas of subsurface engineering for Chevron's Asia Pacific Business Units.

After graduating, with honors, from Texas A&M University, in 1981, Ron began working that same year for Chevron in the Rocky Mountain region. Initially, Ron was the Operations Engineer for the Whitney – Canyon/Carter Creek Field (tight sour gas). And during his 7 years in Colorado and Wyoming, Ron held a variety of subsurface positions included well testing, production engineering, reserves, and reservoir engineering. Following this, Ronald spent a short time in Chevron's "trades, sales, and acquisitions" team at the Chevron Corporation's headquarters in San Ramon, California.

growth and sanding potential and rock mechanic algorithms for predicting rock properties. It also includes processes (workflows) such as a reservoir characterization simulation optimizer (RCSO) for building and testing reservoir models.

Discussion

Lobo Trend, Laredo, Texas, USA

Within the greater Lobo Trend of south Texas includes 48000 prospective acres for development. The reservoirs are low permeability (0.5 to 5.0 millidarcies) with well depths reaching 4000 meters. Upon examination of a statistical number of wells in the field (226 wells), Chevron recognized a small fraction of the wells (~33%) produced a large fraction of the reserves (~70 %). Conversely another small fraction of the wells (~33 %) produced a very small fraction of the reserves (~6%). Chevron examined these and other wells closely to understand the contributing factors of large and small recoveries.

In the area of well completions, Chevron wanted to determine if the conventional means of perforating (limited entry or continuous interval) and stimulation (single treatment) could be improved upon. In instances such as these, Chevron conducts rigorous testing of core material to measure rock properties, necessary for describing the impact of various completion techniques. Chevron then utilizes its "Rock Mechanics Algorithm" to correlate rock properties to unique log signatures. And finally, the asset team incorporates this information into its Geomechanical Reservoir Simulator (GMRS) to predict the response and performance of wells to various completion techniques (perforating and stimulation). Chevron concluded that although conventional means of completing wells were partially effective, an improved technique of sequentially perforating small intervals and propped hydraulic fractures resulted in: minimized fracture splintering; improved fracture conductivity; reduced treating pressures; optimized fracture lengths; minimized occurrence of early screen – outs, and reduced proppant flowback.

In addition to optimizing the completions of wells, Chevron also wished to improve the structural understanding the Lobo Field. The reservoirs are generally characterized by dense normal faulting, which results in compartmentalization and significant hydraulic isolation of individual fault blocks. Concern over "stranded" gas resources, Chevron, in fields such as these utilize improved velocity models and employ, where available, 3D seismic data.

Existing well performance data was compared to expected drainage areas. This data was then integrated to describe compartments not adequately drained with existing wells. Through the careful selection of infill locations and optimized completion methods, Chevron continues to drill wells which produce greater than the cumulative average of wells drilled in this already mature basin. Chevron operates approximately 500 wells in the basin, and has recovered over 1 TCF of gas.

Skinner Ridge Field, Piceance Basin

The Piceance Basin in Western Colorado is a rugged and remote area of the Rocky Mountain Range situated near pristine national parks and forests. The area of interest is relatively large, with prospective acreage of 33000 acres. The field is composed of ultra – stacked reservoirs of between 20 and 30, and are very poor quality with permeabilities averaging only 10 microdarcies. Because the reservoir is very tight, drainage areas are expected to be small, perhaps as small as 10 acres. As such, full development of the Basin is likely to require wells numbering in the thousands, with each well requiring multiple fracture treatments. Well depths are expected to average ~ 2000 meters.

Development of a challenging field, such as the Skinner Ridge, requires modern technologies to characterize the reservoir. Chevron, for example, employed aeromagnetic anomaly analysis. This is a technology in which a magnetometer is flown over an area of interest at low altitude. The magnetometer detects slight and subtle changes of earth's magnetic field. Integrating this information with seismic data allows stratigraphers to infer places in which the reservoir thickens and thins.

The gas bearing zones of Skinner Ridge are largely fluvial and alluvial sediments, often discontinuous. To further our understanding of the sedimentology, geoscientists have formulated models of the "paleo – currents', which in this area typically align southeast and northeast. Likewise, structural geologists have recognized and recreated historical stresses in the region, and surmised natural fracturing and faulting are orientated east and west.

Detailed core analysis utilizing thin sections and scanning electron microscope imaging reveal detailed petrographic composition of the reservoir rock, leading to an understanding of the occurrence of porosities, generally low, in the 6% ~ 12% range. This combined effort has led Chevron to clear expectations of net pay, reservoir quality, drainage, and productivity.

Equally important to the reservoir characterization prior to development is a coherent plan for "incident and injury free" project execution. Chevron, with its contractors, utilizes an "Operational Excellence Management System" for doing so. Considering the environmentally sensitive Skinner Ridge area, Chevron has adopted an "onshore platform" concept of drilling, which drills as many as 22 wells from a single drill site. This requires an "S" shaped well trajectory for virtually all of the wells already drilled and future drills.

Whitney Canyon – Carter Creek Field

The Whitney Canyon – Carter Creek Field was discovered in 1978. There are multiple reservoirs, mostly carbonates, ranging in depth from 3000 to 6000 meters. And although the matrix permeability qualifies these reservoirs as "tight", in the carbonate reservoirs, the natural fracture permeability can be quite high. The fluid system is a wet gas, containing, on average 15% H_2S and 5% CO_2. Originally the field was developed on 640 acre spacing with the number of wells totaling approximately 40.

研讨会技术报告八

In the late 1980's, Chevron began an intense effort to re – characterize the reservoirs, primarily the Mission Canyon Formation. Since the discovery of this and surrounding fields, the structural geology of the area was well understood. Virtually all reservoirs obtain closure through thrust faulting to the east, fluid contacts on the west, and doubling plunging anticlines north and south. Upon initial development however, it became clear that a thorough understanding of the facies would be necessary to fully exploit this gas resource.

Thorough core descriptions led to a connection between facies and log signatures. Formation evaluation specialists then extrapolate that knowledge to all the wells which have relatively modern logs but no core. Geoscientists construct a detailed stratagraphic model of the reservoir, to complement the internal and external structural detail, already recognized. From this information, the asset team formulated multiple geocellular realizations which captured the full understanding, including uncertainties, of the reservoir.

Utilizing the Reservoir Characterization Simulation Optimization (RCSO) workflow process, the heterogeneity and uncertainty is iterated upon and carried forward to upscaling to a dynamic model. In the dynamic model the fluid characterization is formulated using "CPCP", Chevron Phase Calculation Program. This assures the fluid model reflects phase behavior and individual component interaction only possible by tuning an equation of state to actual fluid sample analysis and experiments.

Completing this body of work, Chevron embarked upon an infill and delineation drilling program, increasing the number of wells in the field by ~ 50%. Twenty – one more wells were drilled between 1996 and 2002, resulting in gas – in – place and reserve estimates to more than triple, since the time of the initial field development.

低渗透储藏：斯伦贝谢公司技术解决方案

李启国[1]

一、前言

经过百年的发展，石油已经成为推动人类社会发展的重要源泉，随着世界范围内的石油的大规模开发，目前容易开发的储藏已经基本进入了开发的中后期，而世界社会对于石油的需求却加速增长，为了应对石油供求带来的压力，整个石油行业把目光转向了难动用的储藏，其中低渗储藏在条件更苛刻、开采难度更大的条件下被更多地发现并越来越多地成为石油开发的关注焦点之一。

在我国，低渗透油气田更是广泛分布在全国的各个油气区，

---

❶作者简介：李启国（Lee Khay Kok，KK）（国籍：马来西亚），加入斯伦贝谢年限：15 年；当前职务：北亚区酸化压裂工艺技术总监。

李启国 1994 年毕业于俄克拉荷马州立大学并获得石油及地质工程硕士学位，随后即加入斯伦贝谢。

李启国于 1999 年被调往中国任酸化压裂工程师并负责全国的酸化压裂服务。2001 年他调到美国斯伦贝谢的酸化压裂总培训中心任讲师一职直至 2002 年。在此之后，李启国被调到越南任酸化压裂的业务拓展经理。于 2004 年 3 月至今，李启国就职于中国，任酸化压裂技术总监职务全面负责亚洲北部国家和地区，包括中国、日本、韩国及中国台湾地区。

各个油田也针对自己油田的特征进行了大量的研究工作，但限于各个部门技术力量的限制，真正实现技术的整合还存在一定的难度，尤其是需要多个不同部门直接合作研究，存在一定的难点。而低渗储藏的开发特点就是需要精细的开发方法，某个点的问题可能就导致整个开发过程的不利局面，这种情况在以往的单一部门技术应用过程中经常出现，甚至有时是在某个部门为了实现技术的最优化过程中。

为了应对目前油公司的开发需求，斯伦贝谢公司作为世界范围内知名的技术服务公司更是把研究重点向低渗储藏方面倾斜，充分发挥公司在技术整合方面的技术优势，针对低渗储藏的复杂情况，提出了一体化综合解决方案，从油藏开采的源头开始入手，实现低渗储藏的有效开发。

该技术整合从开发的源头开始，利用先进的钻井技术为基础，实现优化的井位选择和钻完井过程，为后期的优化技术的实施提供基础，通过精细的测井和解释技术，实现储藏的认识，为切实可行的开发方案制定提供保证，在综合了解储藏的情况下，制定合理的单井优化措施，提高区块的整体认知和单井的产能增加，经过这一系列技术手段的整合，实现低渗储藏的有效开发。

为了进一步说明整合技术的过程，以下把每个斯伦贝谢针对致密油气藏所发展出来的关键技术分为几个部分进行详细的介绍（表1 和图 1）。

表 1　斯伦贝谢针对致密油气藏发展出来的关键技术

增产措施技术	（1）StageFRAC 水平井裸眼分级压裂技术； （2）FiberFRAC 纤维压裂液； （3）F108 高效防水锁助排剂

续表

测井技术	（1）PEX 快速平台测井的密度测量； （2）ECS 元素俘获谱测井； （3）CMR 核磁共振测井； （4）Sonic Scanner 声波扫描测井
数据解释分析	RAPID 油田筛选服务
钻井及地质导向技术	PeriScope 地质导向技术

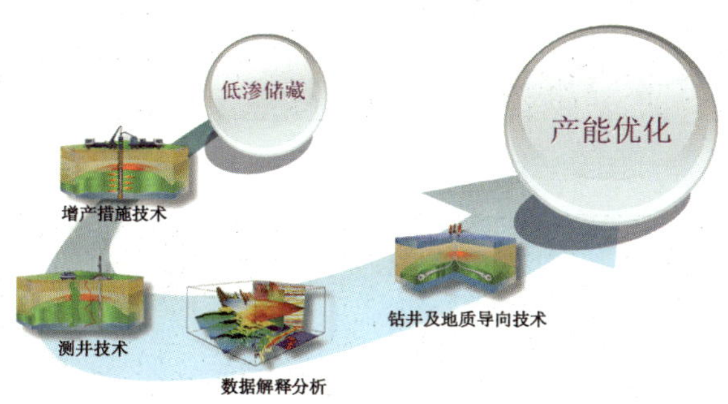

图 1　斯伦贝谢针对低渗储藏产能优化关键技术示意图

二、增产措施技术

（一）StageFRAC 水平井裸眼分级压裂技术

StageFRAC 是专门为水平裸眼井设计的压裂工艺方法，通过利用高效的 RockSeal 裸眼封隔器（图 2）在井眼进行机械分隔从而实现多层压裂施工。这项创新技术在全球已得到数千井次的现场验证。该工艺作为非固井完井的尾管下入井底，根据需要的压裂级数进行分层，工具到位后，利用水力方法进行坐封，压裂施工通过一次连续施工实现多级分压。到目前为止，可以实现一次施工最高压裂 13 级。该工艺适用最高温度达 218°C（425℉），而其

裸眼封隔器 RockSeal 在 68.9MPa（10000 psi）的压差内具有极佳的密封和封隔性能。因为无需固井作业，天然裂缝不会受到固井损害，并且在泵送作业过程中容易实现增产效果。该工艺多层压裂（图 3）服务可通过对裸眼井筒的多层压裂，将完井时间从数天缩短至几小时，从而实现有效的储层泄油。

图 2　RockSeal 裸眼封隔器示意图

图 3　StageFRAC 多层压裂示意图

StageFRAC 的应用、优势及特点如表 2 所示。

表 2　StageFRAC 的应用、优势及特点

应用	优势	特点
(1) 对垂直井、定向井和水平井进行水力压裂； (2) 裸眼和套管完井，高温高压、含硫化氢和二氧化碳油藏； (3) 砂岩、碳酸盐岩、页岩和煤层	(1) 在致密地层最大化油气藏产能； (2) 将作业时间由几天缩短到几个小时，缩短了投产时间； (3) 通过堵水作业最大化油井的寿命； (4) 降低压裂液的伤害，整个井筒在作业后立即返排	(1) 按照油藏情况的要求在最适合的距离放置滑套； (2) 作业完成后无附带的后续工作； (3) 可以单独或者连续作业； (4) 在水平井中最大化增产范围； (5) 在裸眼段提供可靠的封隔； (6) 滑套可以移动以帮助进行油藏管理

目前 StageFRAC 在国内已施工 7 口井，总共分级压裂 27 级，单井最大分级 5 级，总加砂量 1110t，最大斜深 4397m，最长水平段 1051m。

以下为两个在国内（四川广安气田及新疆克拉美丽气田）的施工实例。

1. 广安致密砂岩

亚洲及中国的第一口 StageFRAC 水平井分级加砂压裂施工在四川省广安气田 GA002 – H1 –2 完成（图 4）。在 1051 m 的裸眼段中，使用了 5 个胶筒裸眼封隔器 RockSEAL II 和 1 个锚定裸眼封隔器 RockSEAL IIS 将井段分成四级。四级压裂在 5 h 内连续泵注成功加砂 94t，压后气产量提高 22 倍。继第一口井成功后，StageFRAC 技术又先后用于该井区的其他五口水平井并取得了良好的效果。

图 4　GA002 – H1 –2 现场施工

2. 克拉美丽深层火成岩

StageFRAC 首次在中国深层多裂缝火成岩裸眼水平井的应用亦获得了很大的成功。DXH181 井位于克拉美丽气田（图 5）。储层埋深在 3600 ~ 3700m，属石炭系火山岩，天然裂缝发育。在该井 748m 的裸眼段中，共使用了 9 个裸眼封隔器将井段分成五

级。五级压裂在3h内连续泵注成功加砂154t。目前克拉美丽首个天然气站已投产，该站30%的天然气产自这口井。

图5　DXH181井现场施工

（二）FiberFRAC纤维压裂液技术

支撑剂沉降，是水力压裂作业过程中当液体的黏度降低到悬浮支撑剂所需要的临界值之下时发生的一种现象。支撑剂沉降会降低裂缝的导流能力，对油井产能产生非常不利的影响。在减阻水应用中，基液的黏度不足以输送支撑剂。应用这种液体对在致密气藏作业时，压裂液被设计成结束泵注后迅速破胶。而裂缝在几个小时内都无法闭合，破胶后低黏度的液体无法悬浮支撑剂。结合油藏情况FiberFRAC液体技术降低了支撑剂运输液体的黏度要求。FiberFRAC作业在压裂流体中创造了一张纤维网络，提供了一种机械方法来输送，悬浮和放置支撑剂。由于支撑剂输送不再依赖于压裂液体黏度，可以根据油藏情况优化裂缝形状。如果裂缝高度是作业的关键，低黏液体可以被使用，即使在高温井中，也能维持良好的支撑剂输送能力。

除了限制裂缝高度，支撑剂裂缝的恢复渗透率可以大幅度增加，因为需要的聚合物浓度降低了。实验测定降低40%的聚合物浓度可以增加24%的恢复渗透率。当使用较低的聚合物浓度时，更多的支撑剂裂缝帮助生产，从而获得更长的有效裂缝半长。此项技术示意图见图6。

图6 纤维压裂液技术防止裂缝内支撑剂沉降

温度范围扩展的同时，也使斯伦贝谢公司扩展了FiberFRAC技术的应用范围。如今，该技术可以在150～400°F（65.5～204.4°C）范围内应用，北美地区超过80%的致密气井在该范围之内。

实验室和油田均证明FiberFRAC技术优化了水力压裂井中支撑剂的分布，提高了增产效果，从而增加后续产量。油田测试表明纤维并不对支撑剂裂缝产生负面影响，因此对于裂缝导流能力也没有负面影响。最近在北美致密气层中对纤维压裂技术进行的大规模油田测试表明，与采用传统增产作业的邻井相比，该技术具有更佳的增产能力。

（三）F108高效防水锁助排剂

在压裂措施中，水锁也可能成为严重降低油气产量的原因之一。当压裂液滤失到地层以后，进入孔喉较小的区间，从而增加这一区域的毛管力。由于孔喉半径较小，所产生的毛管力极大，将滤液束缚在这一区域。如果人工裂缝的导流能力以及地层压力产

生的生产压差不够大，将无法克服毛管力的作用，从而影响储层流体的产出，导致排液困难。气相渗透率低于12mD的地层一般会存在很严重的水锁问题（图7）。

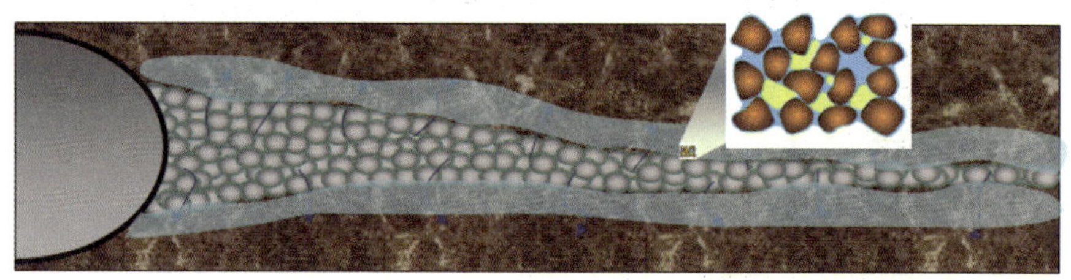

图7　压裂措施中造成的水锁问题

针对此水锁问题斯伦贝谢公司研发了一种能够高效降低毛细管力的、可以安全泵注的表面活性剂F108。

与传统的表面活性剂不同，F108不仅能够降低表面张力，而且能够通过增大液体的接触角度而极有效地降低毛细管力作用。

毛细管力的定义如下（参见SPE 82214）：

$$P_c = \frac{2\gamma_{12}\cos\theta}{r}$$

式中　γ——表面张力，dynes/cm；

θ——接触角度，(°)；

r——平均毛细管直径，cm。

F108的毛细管力消弱性能如表3所示。

表3　F108的毛细管力消弱性能

实验液体：2% KCl溶液 / 实验环境：1mD			
表面活性剂	表面张力（dynes/cm）	接触角度	毛细管作用力（psi）
无	72	0	208
F108（0.2%）	27	82.5	13.9
常规表面活性剂（0.2%）	27	37	198

可以发现，在0.2%浓度下F108能够将毛细管力作用下降到原先的7%以下。并且，F108性能较以往使用的常规表面活性剂提高很多，降低毛细管力水平为常规表面活性剂的10倍以上。

公式中的表面张力是不可能降低到0的，但是通过将接触角度增大到趋于90°，则可以将毛细管力下降到很小甚至接近于零。提高F108的使用浓度可以进一步增大液体的接触角度从而有效的将毛细管力下降到最小。

图8和图9所示的两张照片显示在表面活性剂的作用前后接触角度发生变化（仅用于示意）。

8　水、油与介质的接触角度为0

图9　水与介质的接触角度大于90°
油与介质的接触角度大于45°

三、测井技术

针对低孔低渗地层，测量的精确度非常关键。对孔隙度为30pu的储层，2pu误差仅是总孔隙度的6%，而对孔隙度仅为6pu的低孔低渗储层，2pu的误差将是33%的误差。这将带来储量计算或渗透率计算的负面影响。这类储层需要高精度的测井

仪器。

PEX 快速平台测井的密度测量，其设计为活动的极板并有 3 个探测器，能给出所需的高精度和高分辨率。为提高孔隙度的计算，最好直接测量骨架密度，胜于做假设。ECS 元素俘获谱测井可提供岩性、泥质含量以及骨架密度和 Sigma。一旦孔隙度确定了，需要确定孔隙分布，以识别可产层。CMR 核磁共振测井，具有卓越的信噪比，可用于低孔低渗地层，可提供精确的孔隙度、T_2（弛豫时间）分布和渗透率。从 T_2 分布，可导出毛细管压力并计算饱和度，而不依赖基于电阻率的饱和度方程，这些方程在低孔低渗地层往往误差较大。

在低渗地层中，产量有可能来自裂缝，需要识别开启性裂缝，结合井眼成像（FMI 地层微电阻率成像）和声波分析（Sonic Scanner 声波扫描测井），可区分开启和闭合裂缝。

低渗地层通常进行压裂，了解储层的应力剖面非常关键。Sonic Scanner 可探测到 2% 的各向异性。另外，Sonic Scanner 是目前工业界唯一的能从斯通利波计算横波并导出 3D 应力剖面的仪器。这得益于其革命性的设计，允许描述全部声学特征。

PEX 快速测井平台包括阵列感应成像（AIT）或高分辨率方位侧向（HALS）作为电阻率仪器，3 探测器岩性密度（TLD）和微柱聚焦（MCFL）集合在高分辨率机械短节（HRMS）上，并具有动力推动的井径测量。HRMS 以上是测量补偿中子和伽马的高度集成的伽马—中子探头（HGNS）和单轴加速计（图 10）。通过使用集合的传感器和创新的技术以改善极板接触，PEX 能提供深度匹配和速度校正的高分辨率成像测量。特殊设计的改良的 TLD 极板降低了井眼不规则对测井数据的影响。

ECS 元素俘获谱测井使用一个中子源和铋锗探测器，测量基于中子诱导伽马捕获谱的元素相对含量（图 11）。在裸眼和套管井中，测量的主要地层元素有硅（Si）、铁（Fe）、钙（Ca）、硫（S）、钛（Ti）、钆（Gd）、氯（Cl）、钡（Ba）和氢（H）。

进一步处理给出岩性和骨架性质。

岩性：总泥质、石灰岩、白云岩、石膏、QFM（石英 + 长石 + 云母）、黄铁矿、菱铁矿、煤和盐含量。

骨架性质：骨架颗粒密度、骨架热中子和超热中子、骨架 Sigma。

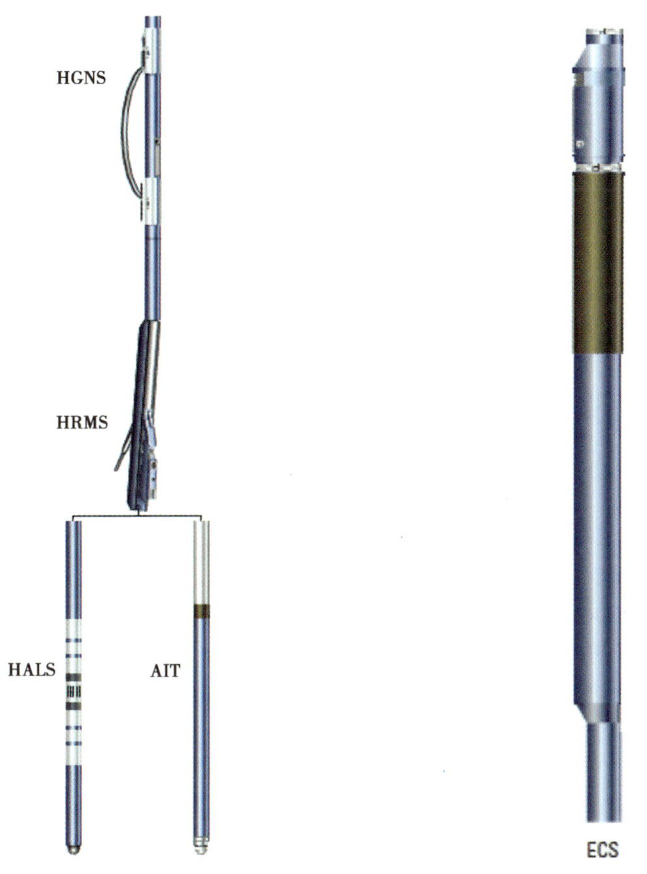

图 10　PEX 快速测井平台示意图

图 11　ECS 元素俘获谱测井仪示意图

四、数据解释分析

RAPID 油田筛选服务包括一系列普通的及专有分析技术，这种技术致力于短时间内完成大量数据的分析。RAPID 的目标在于提供或帮助客户对油田或油藏进行经济快速的分析，旨在提高油气产量从而优化油藏动态。油藏筛选及监测技术包括大量的解析、统计及趋势分析方法，其善于处理大量或多种类型数据，如静态、动态、多源及多频数据。在 RAPID 中，大部分工作都尽可能自动化完成，这样，不至于因研究油田的大小及井数多少影响到按时得出有意义的结论。

RAPID 提供给客户除 3D 综合项目以外的一个选择。在具备必需数据及某些油藏特征的情况下，尽管 3D 综合项目研究可以提供更精确的结果，但同时需要大量的时间及资源消耗，如图 12 所示。

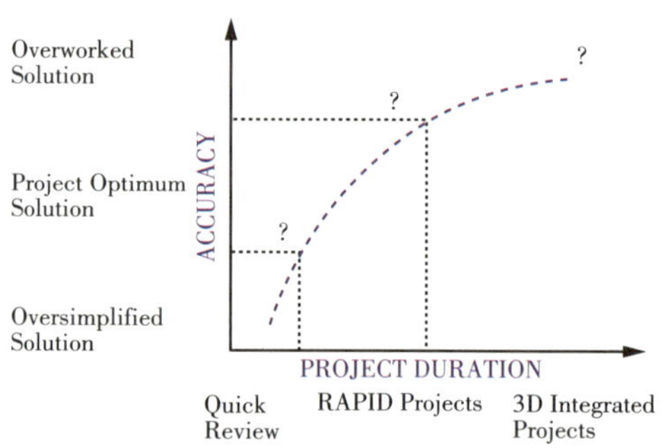

图 12　3D 综合项目研究示意图

RAPID 在综合技术结果及快速油藏答案取得很好的平衡，加速了“数据到决策”过程并得到最优解决方案。RAPID 的处理特点决定了其更适用于具有大量数据的成熟油田。必需强调，RAPID 研究可以作为 3D 综合研究的补充，如数据质量控制、储量评估校正、生产优化机会的确定等。

五、钻井及地质导向技术

使用 PeriScope 随钻储层边界探测仪对储层边界进行实时成像，从而把井眼轨迹布置在储层中最优位置以及进行实时储层评价，最终实现生产井最大化油藏接触面、最大化产量、获取“阁楼油”以及延缓产水等增产开发目的。

在低孔低渗油藏中地质导向面临着识别储层难的问题，PeriScope 通过储层边界反演精确的识别储层，获取更长的有效水平段，实现最优的地质导向和增产目的。

Periscope 随钻储层边界探测服务可以提供使井眼尽可能位于最好储层段所需要的测量数据，即使储层为薄层、倾斜或呈弯曲形状，或者地震资料很难分辩的其他状态，也可以通过其对储层边界反演成像，来消除有关几何形状和地层特性方面的不确定性实现精确地质导向，如图 13 所示。这种新的地质导向方法可以优化产量，避免钻井风险，避开水层，消除侧钻，并降低建井成本及风险。如图 14 所示，实时 Periscope 服务可以使作业者钻更少的井而达到产量目标，使相对早期技术无开采价值的储量实现经济开发。这种服务既能在水基泥浆也能在油基泥浆环境中使用。

从 2003 年投入市场以来，PeriScope 已经广泛应用在国际各大石油公司具有挑战性的水平井中，并且取得了很好的效益和用户反馈。

在低孔低渗油藏中，往往需要延长井眼轨迹从而最大化与油藏的接触面来提高单井产量，实现“钻更少的井来实现储量目标”这一经济开采目的。

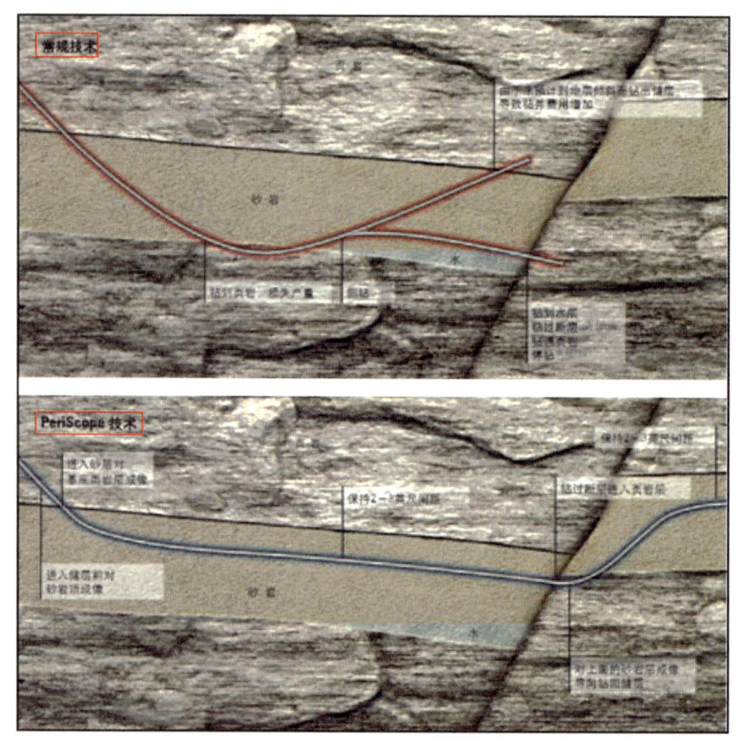

图 13　PeriScope 与常规导向的技术对比

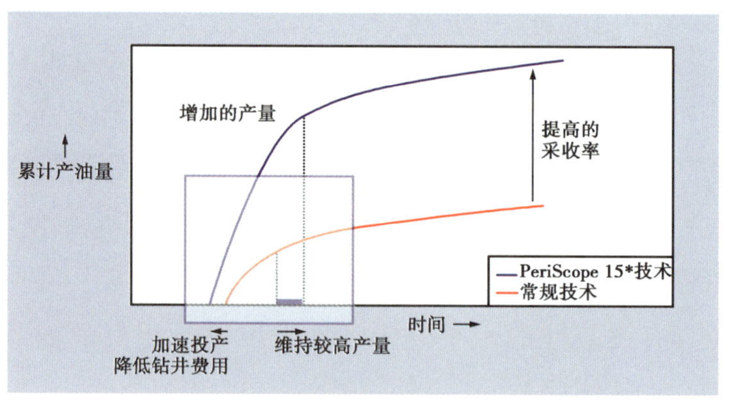

图 14　PeriScope 与常规技术的经济效益对比

国内也在 2007 年开始大量使用 PeriScope，尤其是在中石油新疆油田分公司的成功应用，充分体现出了其最大限度满足储层开采要求。

六、总结

从技术上讲，油藏的勘探和开发一体化是技术进步的象征，把以往各个部门各自为战，单个部门成功而整体效果不高的局面，变成各个部门的优势整合，实现技术力量的最大发挥。由于综合考虑开发的全过程，避免以往单个部门强大的技术能力，却无法得到上下游部门的配合，最终使优势变的不明显的问题。

斯伦贝谢公司的整合技术观点，强调的是上下游技术力量的合理配合，把优势发挥到一个目标上，从而获得最多力量突破。从一个新的储藏的发现、钻完井、测录井、数据分析、储藏改造的整个过程中，每个点的优势不再是独立的突破，而是前后统一，互相支持，并最终实现产能的优化。有效地从以前容易开发储藏的相对粗犷的开采方法，转变为低渗储藏的精细化研究和开采过程，更加适应低渗储藏的开发过程，实现低渗储藏的有效开发。

中国石油企业协会会长
胡文瑞致闭幕词

胡文瑞

各位领导、各位院士、各位专家：

大家下午好！

我受贾总的委托做会议总结。中国低渗透（致密）油气勘探开发技术研讨会已经圆满完成了既定的会议议程。这次会议是中国石油界以低渗透勘探开发为主题而召开的第一次全国性的会议，是低渗透正在成为中国油气增长为主体的情况下召开的一次重要的技术研讨会。会议得到了国家领导及有关方面的重视与肯定。全国政协副主席白立忱同志亲自到会并做了重要讲话。德高望重的三院院士师昌绪老先生到会并做了热情洋溢的发言。多位海内外享有崇高声誉，在业内做出重要贡献的两院院士参加了会议，他们的到来为会议增光添彩，是对低渗透的高度关注和关怀，也是对从事低渗透油气勘探开发的广大科技工作者的鞭策和鼓舞。

参加会议的人员，有来自中国三大石油公司的有关领导和专家，有应邀前来参会的雪佛龙、壳牌、斯伦贝谢等国际知名大石油公司的领导和专家，会议代表原计划 100 余人，实际共计约 150 人。

会议的报告内容相当丰富而精彩，所有报告人都是在油田及研究单位担任重要职务的领导和专家。他们的报告向与会代表展

现了一幅关于中国低渗透油气现状与未来的宏大而美好的画卷。该画卷广纳国内国外大石油公司，纵览几十年低渗透勘探开发历程，地域之广，时间跨度之大，交流之开放，故而言其宏大。内容涉及油与气、地质与工程、地下与地面、理论与技术、宏观与微观、经济与管理、现在与未来等各个层面，值得大家学习、思考和品味，所以谓之精美。

会议达成四点共识。一是低渗透将成为未来中国油气勘探开发的主流（不包括中国海域）。贾院士的讲话站在战略的高度分析了油气发展大势。全球油气勘探开发主要趋势，低渗透为其首，低渗透将是油气资源的主要构成，是未来勘探发现的重要领域。各位的报告同时预示着，从近年低渗透新增探明储量的现实来看，低渗透将成为未来开发建产的主要对象。所以，低渗透将为主流。

二是低渗透已经形成了具有世界先进水平的勘探开发配套技术系列。这些技术包括分类评价与相对富集区优选技术，特低渗透渗流机理与井网优化技术，超前注水技术，储层压裂改造技术，水平井与规模丛式井开发技术，低成本提高单井产量及采收率技术，地面简化集输处理技术等。实践表明，这些技术的成功研发与应用，对低渗透的增储上产发挥了十分重要的作用。

三是低渗透需要坚持不懈的攻关。围绕提高单井产量、提高经济效益两个目标，需要持续开展关键技术研究与攻关，包括地质规律与储层预测技术、非达西渗流理论与建立有效驱动压力系统技术、有效补充地层能量技术及注 CO_2 等新的开发方式、低伤害长效储层改造技术、水平井与小井眼钻采技术、数字化高效管理技术以及市场机制的建立与完善等。正如师昌绪院士所讲“理论与技术的不断创新和技术的产业化推动着各个领域的跨越式发展”，我们希望，理论与技术的创新不断开创低渗透的新局面。

四是需要加强低渗透技术交流。尽管低渗透油气事业日益提升，但是应当承认，实现低渗透油气的经济、有效、规模发展，仍然面临诸多难题，需要共同努力，发挥聪明才智，利用信息化手段，以开放的心态、进取的精神，加强交流。不断发展中国低渗透。

这次会议开得十分及时，开得非常成功。我代表会议主席贾承造院士，向百忙中抽时间参加这次会议的各位领导、各位院士、各位专家表示感谢。向雪佛龙、壳牌、斯伦贝谢公司的专家和朋友的热情关注和支持表示感谢。向对本次会议给予大力支持的中华国际科学交流基金会、中国石油企业协会、中国石油长庆油田公司，特别是冉总和张总全过程的支持表示感谢。向提供良好会议环境和服务的友谊宾馆的工作人员表示感谢。

祝大家一切顺利！

现在宣布低渗透（致密）油气勘探开发技术研讨会圆满结束。